くらべてわかる
甲虫(こうちゅう)

1062種

監修—町田龍一郎

文・写真—阿部浩志 奥山清市 田中良尚 長島聖大 諸岡範澄

山と溪谷社

目次

本書の使い方……………………… 4
用語解説…………………………… 5
甲虫の世界………………………… 6
column 甲虫の保全………………139
索引………………………………140

ナガヒラタムシ亜目 …………… 10
ナガヒラタムシ上科
ナガヒラタムシ ナガヒラタムシ科 …………… 10

ツブミズムシ亜目 ……………… 11
ツブミズムシ上科
ツブミズムシ ツブミズムシ科 ………………… 11

オサムシ亜目 …………………… 12
オサムシ上科
マイマイカブリ オサムシ科（オサムシ亜科）……… 13
セスジムシ セスジムシ科 ……………………… 13
オサムシ オサムシ科（オサムシ亜科）……………… 14
ハンミョウ オサムシ科（ハンミョウ亜科）………… 16
ゴミムシ① オサムシ科（マルクビゴミムシ亜科 カワラゴミムシ亜科 ヒョウタンゴミムシ亜科 オサムシモドキ亜科 チビゴミムシ亜科 ヌレチゴミムシ亜科 ホソクビゴミムシ亜科）…… 18
ゴミムシ② オサムシ科（ナガゴミムシ亜科）……… 20
ゴミムシ③ オサムシ科（マルガタゴミムシ亜科 ゴモクムシ亜科）……… 22
ゴミムシ④ オサムシ科（スジバネゴミムシ亜科 スナハラゴミムシ亜科 ツブゴミムシ亜科 クビナガゴミムシ亜科 アオゴミムシ亜科）……… 24
ゴミムシ⑤ オサムシ科（アトキリゴミムシ亜科）… 26
ゲンゴロウ ゲンゴロウ科（ゲンゴロウ亜科 ケシゲンゴロウ亜科 マメゲンゴロウ亜科 セスジゲンゴロウ亜科 ヒメゲンゴロウ亜科）……… 28
ミズスマシ ミズスマシ科 ……………………… 29

カブトムシ亜目 ………………… 30
ガムシ上科
ガムシ ガムシ科（ガムシ亜科）………………… 31
エンマムシ上科
エンマムシ エンマムシ科（エンマムシ亜科 ドウガネエンマムシ亜科）……… 31
ハネカクシ上科
タマキノコムシ タマキノコムシ科（タマキノコムシ亜科）……… 32
アリヅカムシ ハネカクシ科（アリヅカムシ亜科）… 32
オサムシモドキ ハネカクシ科（オサシデムシモドキ亜科）……… 32
デオキノコムシ ハネカクシ科（デオキノコムシ亜科）……… 32
シデムシ シデムシ科（シデムシ亜科 モンシデムシ亜科）……… 33
ハネカクシ ハネカクシ科（シリホシハネカクシ亜科 ヨツメハネカクシ亜科 ツツハネカクシ亜科 ヒラタハネカクシ亜科 オオバハネカクシ亜科 アリガタハネカクシ亜科 ヒゲブトハネカクシ亜科 ハネカクシ亜科）……… 34

コガネムシ上科
クワガタムシ① クワガタムシ科（ツノクワガタ亜科 マダラクワガタ亜科）……… 37
クロツヤムシ クロツヤムシ科（ツノクロツヤムシ亜科）……… 37
クワガタムシ② クワガタムシ科（クワガタムシ亜科 "オオクワガタ コクワガタ アカアシクワガタ サビクワガタ"）……… 38
クワガタムシ③ クワガタムシ科（クワガタムシ亜科 "ヒラタクワガタ"）……… 40
クワガタムシ④ クワガタムシ科（クワガタムシ亜科 "ノコギリクワガタ"）……… 42
クワガタムシ⑤ クワガタムシ科（クワガタムシ亜科 "マルバネクワガタ ミヤマクワガタ"）……… 44
クワガタムシ⑥ クワガタムシ科（クワガタムシ亜科 "ネブトクワガタ チビクワガタ シカクワガタ オニクワガタ"）……… 46
クワガタムシ⑦ クワガタムシ科（クワガタムシ亜科 "ルリクワガタ"）……… 48
フンチュウ センチコガネ科（センチコガネ亜科 ムネアカセンチコガネ亜科）・コガネムシ科（マグソコガネ亜科 ダイコクコガネ亜科）……… 50
コガネムシ① コガネムシ科（コフキコガネ亜科）… 52
コガネムシ② コガネムシ科（スジコガネ亜科 テナガコガネ亜科）・アツバコガネ科（アツバコガネ亜科 マンマルコガネ亜科）……… 54
カブトムシ コガネムシ科（カブトムシ亜科）……… 56
ハナムグリ ヒゲブトハナムグリ科（ヒゲブトハナムグリ亜科）・コガネムシ科（ハナムグリ亜科）……… 58

ナガフナガタマムシ上科
クシヒゲムシ クシヒゲムシ科 ………………… 60

マルハナノミ上科
マルハナノミ マルハナノミダマシ科・マルハナノミ科（マルハナノミ亜科）60

ドロムシ上科
ドロムシ チビドロムシ科（ホソチビドロムシ亜科）・ヒラタドロムシ（マルヒラタドロムシ亜科 ヒラタドロムシ亜科）……… 61
ナガハナノミ ナガハナノミ科（ヒゲナガハナノミ亜科）……… 61
ホソクシヒゲムシ ホソクシヒゲムシ科 ……… 61

タマムシ上科
タマムシ① タマムシ科（ルリタマムシ亜科 タマムシ亜科）……… 63
タマムシ② タマムシ科（ナガタマムシ亜科）……… 64

コメツキムシ上科
コメツキムシ① コメツキダマシ科（ミゾナシコメツキモドキ亜科）・ヒゲブトコメツキ科・コメツキムシ科（サビキコリ亜科 オオヒゲコメツキ亜科）……… 66
コメツキムシ② コメツキムシ科（コメツキムシ亜科 カネコメツキ亜科）68

2

ホタル上科
- ベニボタル　ベニボタル科（ベニボタル亜科 ヒシベニボタル亜科）……… 70
- ホタル　ホタル科（マドボタル亜科 クシヒゲボタル亜科 ホタル亜科）……… 71
- ジョウカイボン　ジョウカイボン科（ジョウカイボン亜科 チビジョウカイ亜科 コバネジョウカイ亜科） 72

カツオブシムシ上科
- カツオブシムシ　カツオブシムシ科（カツオブシムシ亜科 ゲカツオブシムシ亜科 ヒメカツオブシムシ亜科 マダラカツオブシムシ亜科）……… 74

ナガシンクイムシ上科
- ヒョウホンムシ　ヒョウホンムシ科（ヒョウホンムシ亜科 シバンムシ亜科 キノコシバム亜科） 74

カッコウムシ上科
- コクヌスト　コクヌスト科（マルコクヌスト亜科 コクヌスト亜科）……… 75
- カッコウムシ　カッコウムシ科（ホソカッコウムシ亜科 カッコウムシ亜科 ホシカム亜科） 75
- ジョウカイモドキ　ジョウカイモドキ科（ジョウカイモドキ亜科）… 75

ヒラタムシ上科
- コメツキモドキ　オオキノコムシ科（ヒラタコメツキモドキ亜科 コメツキモドキ亜科） 76
- オオキノコムシ　オオキノコムシ科（オオキノコムシ亜科）……… 77
- ホソヒラタムシ　ホソヒラタムシ科（ホソヒラタムシ亜科 セマルヒラタムシ亜科）78
- ヒラタムシ　ヒラタムシ科 ……………………………… 78
- チビヒラタムシ　チビヒラタムシ科（チビヒラタムシ亜科） 78
- キスイモドキ　キスイモドキ科（キスイモドキ亜科）……… 79
- ムクゲキスイ　ムクゲキスイ科 ………………………… 79
- オオキスイムシ　オオキスイムシ科 …………………… 79
- ムキヒゲホソカタムシ　ムキヒゲホソカタムシ科（ムキヒゲホソカタムシ亜科） 79
- ミジンムシ　ミジンムシダマシ科（ミジンムシダマシ亜科）・ミジンムシ科（ミジンムシ亜科） 79
- ヒメマキムシ　ヒメマキムシ科（ヒメマキムシ亜科）……… 79
- ケシキスイ　ケシキスイ科（ヒラタケシキスイ亜科 デオケシキスイ亜科 コゲチャマルケシキスイ亜科 ケシキスイ亜科 オニケシキスイ亜科）……… 80
- テントウムシ①　テントウムシ科（テントウムシ亜科 "テントウムシ族) 82
- テントウダマシ　テントウダマシ科（オオテントウダマシ亜科 テントウダマシ亜科 ムクゲテントウダマシ亜科）……………… 83
- テントウムシ②　テントウムシ科（テントウムシ亜科 "クチビルテントウ族 マダラテントウ族 ベダリアテントウ族 アミダテントウ族 ヨツボシテントウ族 メップテントウ族 ヒメテントウ族 アラメテントウ族"）84

ゴミムシダマシ上科
- ナガクチキムシ　ナガクチキムシ科（ナガクチキムシ亜科） 87
- ハナノミ　ハナノミ科（ハナノミ亜科）……………… 87
- アトコブゴミムシダマシ　アトコブゴミムシダマシ科（ホソカタムシ亜科 コブゴミムシダマシ亜科）88
- ハムシダマシ　ゴミムシダマシ科（ハムシダマシ亜科）……… 89
- ゴミムシダマシ①　ゴミムシダマシ科（ゴミムシダマシ亜科）…… 90
- ゴミムシダマシ②　ゴミムシダマシ科（キノコゴミムシダマシ亜科 アレチゴミムシダマシ亜科）92
- ゴミムシダマシ③　ゴミムシダマシ科（ナガキマワリ亜科）…… 94
- クチキムシ　ゴミムシダマシ科（クチキムシ亜科）……………… 96

（右段）
- デバヒラタムシ　デバヒラタムシ科 ……………………… 96
- コキノコムシ　コキノコムシ科（コキノコムシ亜科）…… 97
- ツツキノコムシ　ツツキノコムシ科（ツツキノコムシ亜科） … 97
- キノコムシダマシ　キノコムシダマシ科（ヒメナガクチキムシ亜科 モンキナガクチキ亜科）97
- クビナガムシ　クビナガムシ科（ツメクボクビナガムシ亜科 クビナガムシ亜科） 97
- カミキリモドキ　カミキリモドキ科 ……………………… 98
- ツチハンミョウ　ツチハンミョウ科（ツチハンミョウ亜科 ゲンセイ亜科） 98
- アカハネムシ　アカハネムシ科（アカハネカクシ亜科）…… 99
- アリモドキ　アリモドキ科（クビボソムシ亜科 アリモドキ亜科）… 99

ハムシ上科
- カミキリムシ①　ホソカミキリムシ科・カミキリムシ科（ノコギリカミキリ亜科 "コバネカミキリ族 ウスバカミキリ族 ノコギリカミキリ族 コグチャヒラタカミキリ族 クロカミキリ亜科 "クロカミキリ族 マルクビカミキリ族"）101
- カミキリムシ②　カミキリムシ科（ハナカミキリ亜科 " ハナカミキリ族 ハイイロハナカミキリ族 "ホソコバネカミキリ亜科）…………… 102
- カミキリムシ③　カミキリムシ科（カミキリ亜科 "ミヤマカミキリ族 アオスジカミキリ族 イエカミキリ族 ルリボシカミキリ族 ヒメカミキリ族 アメイロカミキリ族 クスベニカミキリ族 ホタルカミキリ族 アオカミキリ族 ベニカミキリ族 スギカミキリ族 モモブトカミキリ族"）104
- カミキリムシ④　カミキリムシ科（カミキリ亜科 "トラカミキリ族 トガリバアカネトラカミキリ族"）………………… 106
- カミキリムシ⑤　カミキリムシ科（フトカミキリ亜科 "ゴマフカミキリ族 シラホシサビカミキリ族 サビカミキリ族 コブヤハズカミキリ族"）108
- カミキリムシ⑥　カミキリムシ科（フトカミキリ亜科 "ヒゲナガカミキリ族 シロスジカミキリ族 シロカミキリ族 アラゲカミキリ族"）…… 110
- カミキリムシ⑦　カミキリムシ科（フトカミキリ亜科 "モモブトカミキリ族 トホシカミキリ族"）112
- ハムシ①　ハムシ科（ハムシ亜科 コガネハムシ亜科）… 114
- ハムシ②　ハムシ科（クビボソハムシ亜科 ネクイハムシ亜科 ホソハムシ亜科 ノミハムシ亜科） 116
- ハムシ③　ハムシ科（ヒゲナガハムシ亜科）…………… 118
- ハムシ④　ハムシ科（カメノコハムシ亜科）……………… 120
- ハムシ⑤　ハムシ科（ツツハムシ亜科 サルハムシ亜科） 122

ゾウムシ上科
- チョッキリ　オトシブミ科（チョッキリゾウムシ亜科）… 125
- オトシブミ　オトシブミ科（オトシブミ亜科 アシナガオトシブミ亜科） 126
- ヒゲナガゾウムシ　ヒゲナガゾウムシ科（ヒゲナガゾウムシ亜科） 128
- ミツギリゾウムシ　ミツギリゾウムシ科（ホソクチゾウムシ亜科） 129
- オサゾウムシ　オサゾウムシ科（オサゾウムシ亜科）…… 129
- イボゾウムシ　イボゾウムシ科（イネゾウムシ亜科）…… 129
- ゾウムシ①　ゾウムシ科（ゾウムシ亜科）………………… 130
- ゾウムシ②　ゾウムシ科（ヒメゾウムシ亜科 キクイゾウムシ亜科 サルゾウムシ亜科 ヘンテコゾウムシ亜科 タコゾウムシ亜科 ツツゾウムシ亜科 カツオゾウムシ亜科 クチカクシゾウムシ亜科）132
- ゾウムシ③　ゾウムシ科（クチブトゾウムシ亜科）……… 134
- ゾウムシ④　ゾウムシ科（アナアキゾウムシ亜科）……… 136
- キクイムシ　ゾウムシ科（キクイムシ亜科 ナガキクイムシ亜科） 138

本書の使い方

本書では、日本で見られる甲虫のうち、亜種を含めて1,062種を掲載しています。主によく見かける甲虫を中心に紹介し、同じ分類のものを見開きに登場させることで、外見の似ている種や雌雄で形態の違うものを、くらべてわかるようにしました。また、分類別に紹介することで、甲虫の多様性を把握することもできます。分類を越えて外見の似ている種に関しては、リードや解説の中で、よく似た種や、関連する種を掲載したページを記しました。

ツメ
そのページに掲載する甲虫の亜目名と上科名、一般的な名称を記しました。

科名・亜科名・族名
そのページに掲載する甲虫の分類を記しました。

引き出し説明
その甲虫の形態的特徴を記しました。

種名
一般的に使われる甲虫の和名と学名です。

解説
その甲虫の生態などを解説しました。

体長
頭部から腹部までの長さを記しました。

分布
その甲虫が生息する地域を、北海道・本州・四国・九州・沖縄・その他島などに分け、大まかに記しました。

出現期
その甲虫の成虫が出現する標準的な時期を記しました。

雌雄・幼虫
甲虫の雌雄と幼虫を、♂♀幼で表しました。

見出し
そのページに掲載する甲虫の総称や、一般的な呼び名を見出しにしました。

リード
そのページに掲載する甲虫の総論や特徴などをまとめました。

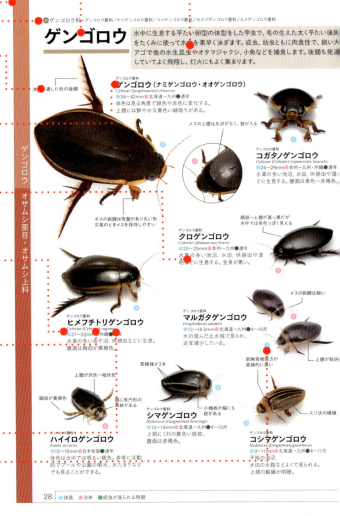

この本に登場する甲虫は、大きく「ナガヒラタムシ亜目」、「オサムシ亜目」、「ツブミズムシ亜目」、「カブトムシ亜目」の4つの項目に分かれています。甲虫の分類で検索する場合は目次を、種名で検索する場合は索引をご覧ください。

用語辞典

本書では、専門用語の使用をできる限り避けて解説していますが、昆虫全般や甲虫を知る上で必要と思われる用語を解説します。

分類に関する用語

亜目 生物分類学上、目と科の間にある階級で、甲虫目（鞘翅目）には、ナガヒラタムシ亜目（始原亜目）・オサムシ亜目（食肉亜目）・ツブミズムシ亜目（粘食亜目）・カブトムシ亜目（多食亜目）の4つがある。

上科 生物分類学上、必要な場合に目と科の間におかれる階級で、例えばノコギリクワガタは、甲虫目、カブトムシ亜目（多食亜目）、コガネムシ上科に属するクワガタムシ科の甲虫。

族 生物分類学上、必要な場合に、科の下、属の上におかれる階級。本書では、カミキリムシとテントウムシで使用している。

亜種 生物分類学上、種の下におかれる階級で、隔絶された離島などの地域で出現する。

生態に関する用語

擬態 昆虫が捕食者などの天敵から身を守るために、草や枯れ葉などによく似ること（隠蔽的擬態）や、他の毒をもつ虫に似ること（標識的擬態）など、他の何かに色や形がそっくりになる現象を擬態という。

外来種 もともとその地域に分布せず、人為的に他の地域から入ってきた生物のことを指す。主に海外から移入した種を外来種と呼ぶが、国内での移入の場合、国内外来種や国内移入種などと呼ばれる。

越冬 冬を越すこと。幼虫で冬を越すことを幼虫越冬、成虫で冬を越すことを成虫越冬という。

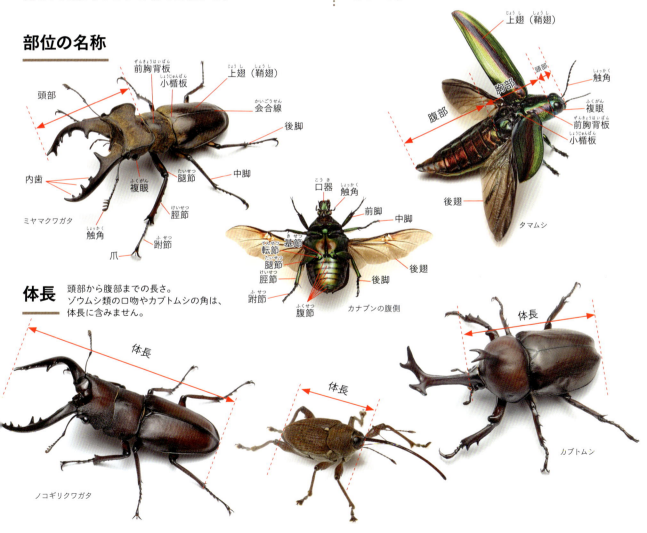

部位の名称

体長
頭部から腹部までの長さ。ゾウムシ類の口吻やカブトムシの角は、体長に含みません。

甲虫の世界

大繁栄した甲虫 〜強靱な外骨格でおおわれた甲虫〜

全動物種の75%を占めるまでに大繁栄をとげてきた昆虫類。その40%を占める完全変態昆虫の一目が、この本で紹介する甲虫目（鞘翅目）です。

甲虫類の最大の特徴は、体全体が強靱なクチクラ性の外骨格でおおわれている点でしょう。体の保護に役立つ堅牢な外骨格は、甲虫類が多種多様な生活域に進出するのに大いに役立ちました。

甲虫類は、地球上の南極を除く全ての大陸の、海中を除くあらゆる場所に生息しています。形態も生息域と同様、サイズも最大のものはヘラクレスオオカブトで18cm（全長）ほど、最小は約0.3mm（体長）のムクゲキノコムシ類と多様です。

世界最大の昆虫、ヘラクレスオオカブトの実寸

↑ ムクゲキノコムシ類の実寸

甲虫とは 〜硬い上翅をもつ虫たち〜

学名Coleoptera（ギリシャ語でkoleosは鞘、pteronは翅）は、体の背側が鞘状に硬化した上翅である、鞘翅（elytra）によっておおわれていることに由来します。

上翅は、その下にたたみこまれるデリケートで傷みやすい後翅の保護に大いに役立つと同時に、上翅はぴったりと腹部も包み込むので、比較的柔らかい腹部も守ることになったのです。このため、上翅のおかげで甲虫はいろいろな環境に進出し、膨大なニッチを獲得できることになったのです。

確かに堅牢な外骨格や上翅でおおわれた体は、甲虫目が大繁栄するのに大いに貢献しましたが、一方、あまりにガッチリした体は場合によっては不自由さをもたらしたのかも知れません。

ハネカクシ類は、後翅を小さく折りたたんで上翅を短くする工夫をし、まるでランドセルを背負っているような姿になりました。きっと、腹部を露出させ、体が柔軟に動かせるようになったことは、土や石などの狭い隙間を移動する生活には好都合なのでしょう。

ハネカクシ類
（メダカハネカクシ属の一種）

甲虫の姉妹群 ～完全変態類内の系統関係～

　甲虫目の最古の化石は、古生代ペルム紀（約3～2.5億年前）からのものですが、それ以前の石炭紀にはすでに甲虫目は現われていたと考えられています。
完全変態類内の系統関係は、最近の分子系統や形態の厳密な比較から、ようやく❶のように理解されるようになってきました。
甲虫目は、ネジレバネ類と姉妹群となり鞘翅上目を形成しています。ネジレバネ目は甲虫目と同様に、上翅が硬化し（偽平均棍）中胸節は退縮するという特徴を共有しています。さらに鞘翅上目はヘビトンボ類（広翅類）、ラクダムシ類、アミメカゲロウ類（扁翅類）からなるアミメカゲロウ目（脈翅目）と姉妹群関係になっています。

新しい時代のものだが、仏子層（第四紀前期更新世）から発見されたブシミズクサハムシ（絶滅種）。構造色をもつ上翅は、約150万年経っても美しい

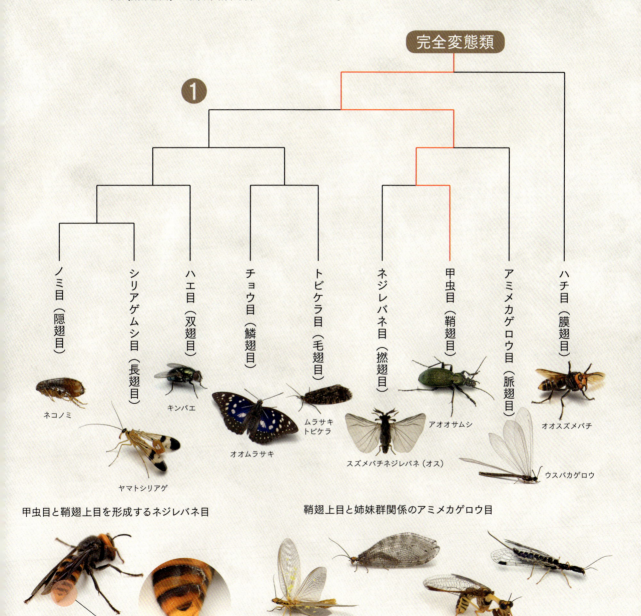

甲虫目と鞘翅上目を形成するネジレバネ目

スズメバチに寄生した、スズメバチネジレバネのメスの頭部が腹部体節の間から見える

鞘翅上目と姉妹群関係のアミメカゲロウ目

左からヘビトンボ、ウンモンヒロバカゲロウ、キカマキリモドキ、ラクダムシ

甲虫の亜目 〜4つの亜目に分かれる甲虫のなかま〜

甲虫目は、ナガヒラタムシ亜目（始原亜目）、オサムシ亜目（食肉亜目）、ツブミズムシ亜目（粘食亜目）、カブトムシ亜目（多食亜目）の4亜目からなります。亜目間の系統関係については議論されていますが、❷に最も有力と考えられるものを示します。

【ナガヒラタムシ亜目】
多くの原始的特徴をもつなかまで、最古の甲虫の化石にたいへん似ています。食材性で約40種が知られています。

【オサムシ亜目】
甲虫第2の種数が知られている肉食性のなかまで、陸生のオサムシ、ゴミムシ、ハンミョウなどのなかまと、ミズスマシやゲンゴロウなどの水生のなかまがあり、4万種以上が知られています。

【ツブミズムシ亜目】
100種ほどからなる、藻類食の小型の甲虫です。

【コガネムシ亜目】
抜群の多様性を示すなかまで、カブトムシ、コガネムシ、ハムシ、ゾウムシなどの30万種以上が記載されています。食植性、食材性、肉食性、フンなどを食べる腐食性など食性はいろいろで、生活型も多種多様です。

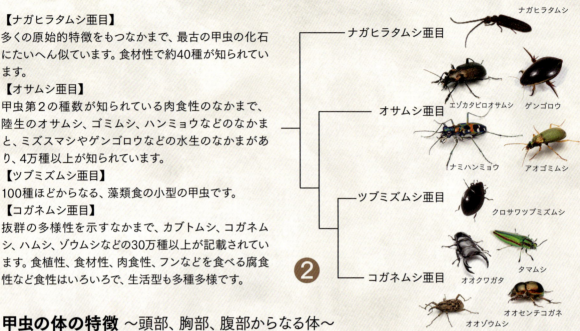

甲虫の体の特徴 〜頭部、胸部、腹部からなる体〜

堅牢な外骨格でおおわれた体は、背面からは、頭部、前胸節と、上翅におおわれた部分に3分されているようにみえ、上翅におおわれた部分には中胸節、後胸節と腹部があります。

【頭部】口が前方を向く前口式。口器の基本形は咀嚼型ですが、ゾウムシ類のように吻として特殊化するもの、また、カブトムシ類のように舐め口となったものなどいろいろあります。

【胸部】前胸節が大きく、中胸節は小さい。前胸節と中胸節の間は狭く、関節として動かすことはできますが、中胸節と後胸節は腹部に密着して一体化しています。中胸節の一部は小楯板として背面に現れます。上翅でおおわれる腹部背面は硬化が弱く、腹部の気門はここに開口しています。ゲンゴロウなどの水生の種は、上翅と腹部の間に空気をためて呼吸します。

甲虫が飛ぶ仕組み 〜後翅のみを動かして飛ぶ〜

多くの昆虫は、上翅と後翅を羽ばたいて飛翔しますが、甲虫類は飛翔の際、硬化した鞘翅である上翅は上側方に掲げるだけで、膜状の後翅のみを羽ばたかせて飛びます。後翅で推進力を発生させ、上翅は風を受けて揚力を生み出します。

ライト兄弟に先んじ、飛行機の原理を発見した人物とされる二宮忠八（1866〜1936）は、前方に翼を固定、後方にプロペラを置く、甲虫の飛翔方法に注目した「玉虫型飛行器」を作りました。

ハナムグリ類やカナブン類は左右の上翅をもち上げて、できた隙間から後翅を左右にひろげ飛行します。

玉虫型飛行器

上翅を掲げ、膜状の後翅を羽ばたかせて飛翔するカブトムシ

飛び立つクロカナブン

せっかく獲得した翅ですが、飛行用の後翅を退化させた甲虫も少なくありません。オサムシ類は一般に後翅が退化していて、マイマイカブリのなかまでは左右の上翅が融合しています。オサムシ類は飛ぶことを放棄し、もっぱら歩行することで移動することになったために、多くの地理的個体群が生じることになりました。飛行能力の消失は多くのなかまで知られていて、上翅の融合はゾウムシ類などでもみられます。

マイマイカブリ　　上翅が融合するクロカタゾウムシ

甲虫の生活史 〜卵、幼虫、そして蛹の後、成虫となる、完全変態を行う〜

カブトムシの卵　カブトムシの幼虫（終齢）　カブトムシのオスの蛹　樹液を舐めるカブトムシの成虫

【幼虫】体形はさまざまです。3対の胸脚はよく発達しますが、木材などに穿孔するタマムシ類やカミキリムシ類の幼虫では、胸脚は退縮または消失することが少なくありません。また、イモムシにみられるような腹脚を欠いています。オサムシ類にみられるように、尾端に1対の尾突起が発達することもあります。

コメツキムシ類の幼虫

ホソカミキリの幼虫

アゲハチョウの終齢幼虫の腹脚

オサムシ類の幼虫（アオゴミムシ属の一種）

【蛹】触角や脚などが体から自由になっている裸蛹で、これらの構造が膜で繋がっているチョウ目（鱗翅目）でみられるような被蛹や、ハエ目（双翅目）のように終齢幼虫の脱皮殻に包まれる囲蛹とは異なります。

オオクワガタのオスの裸蛹　ジャコウアゲハの被蛹　ホソヒラタアブの囲蛹

🔷 ナガヒラタムシ亜目

始原亜目とも呼ばれる、40種ほどが知られる甲虫最小の亜目。2億5,000万年前のペルム紀から知られている最古の化石甲虫に似ていて、多くの原始的特徴をもっています。現在ではまれな甲虫ですが、化石時代においては普通であったと考えられています。食材性の幼虫は、朽ち木から見出されます。成虫は植物の葉の上に見られ、灯火にも飛来します。日本からは数種が知られています。

昼間は植物上で見つかることが多い

🔷 ナガヒラタムシ上科

ナガヒラタムシ亜目の唯一の上科。5科からなり、日本からはナガヒラタムシ科とチビナガヒラタムシ科が知られています。ナガヒラタムシ科は体長10〜15mmほど。上翅には明瞭な縦脈があり、縦脈の間には目立つへこみが縦に並びます。チビナガヒラタムシ科は体長2mmほど。世界でもチビナガヒラタムシ1種のみで、木材の移動により分布を拡げたと考えられています。多くは幼虫形態のまま成熟し、卵胎生を行います。

🔷 ナガヒラタムシ科
ナガヒラタムシ

甲虫の中で、最も原始的なグループのひとつと言われています。細長く平たい体型に、長い触角と短い脚が特徴です。腹面には、脚を収納する溝があります。幼虫は朽ち木の中に生息します。

メスと比べオスは複眼が大きく、触角も長い / 脚が短い

ナガヒラタムシ科
ナガヒラタムシ
Tenomerga mucida
🔵9〜17mm 🔴北海道〜九州 🟢6〜8月
夜行性で、夜になると朽ち木の上を動きまわる。灯火に集まる。

褐色腐朽した木材の中にいた幼虫

🔵体長 🔴分布 🟢成虫が見られる時期

ツブミズムシ亜目

粘食亜目とも呼ばれる、ナガヒラタムシ亜目につぐ、わずか100種ほどが知られるだけの、ナガヒラタムシ亜目についで種数の少ない亜目。水生および半水生で、藻類を餌とする体長1.5mm前後の小さな甲虫。触角は短く、棍棒状をしています。2上科4科からなり、日本からは、ツブミズムシ上科ツブミズムシ科のクロサワツブミズムシの1種が知られています。

小型の甲虫のため、湿岩を貼り付くようにして探さないと見つけにくい

ツブミズムシ上科

ツブミズムシ上科はツブミズムシ科を含む3科からなります。日本から唯一知られるツブミズムシ科のクロサワツブミズムシは、体長1.5 mm前後で、本州、四国、屋久島で見つかっています。山地の日当たりのよい岩肌を伝う流れに、成虫と平たい楕円形をした幼虫が一緒に藻類を食べて生活しています。

クロサワツブミズムシの生息環境

ツブミズムシ科
ツブミズムシ

水の滴る岩肌などに生息する微小な甲虫で、幼虫・成虫ともに水中で生活します。

ツブミズムシ科
クロサワツブミズムシ
Satonius kurosawai
● 1.5mm前後 ● 本州・四国・九州（屋久島）● 通年
とても小さい。後翅の長い長翅型と、短い短翅型が現れる。

水の外での歩行は苦手
触角は棍棒状

幼虫は・成虫と同じ環境で見られる

オサムシ亜目

食肉亜目とも呼ばれ、捕食に適した特徴をもつ肉食性の甲虫。約10科からなり、4万種以上が記載されています。大きな特徴は、後脚の基節が後胸節の腹板に癒合し動かず、第一腹節を左右に二分する点です。ゲンゴロウ科などの、成虫、幼虫ともに水生である水生類と、オサムシ科などの陸生の陸生類があり（水生類と陸生類の単系統性については議論があります）、前者は約6,000種、後者は約3万5,000種が記載されています。陸生類も比較的湿った環境を好むため、オサムシ亜目は元来水生であったと考える研究者もいます。

マイマイカブリ／セスジムシ　オサムシ亜目・オサムシ上科

地上を徘徊するオオルリオサムシ

オサムシ上科

オサムシ上科はオサムシ亜目の全てを含み、陸生の陸生類にはセスジムシ科、ヒゲブトオサムシ科、ハンミョウ科、オサムシ科、カワラゴミムシ科、クビボソゴミムシ科など、水生の水生類にはゲンゴロウ科、ムカシゲンゴロウ科、コツブゲンゴロウ科、コガシラミズムシ科、ミズスマシ科が含まれます。約4万種、日本からは約1,200種が知られています。

オサムシ科・オサムシ亜科
マイマイカブリ

頭部が非常に細長く特徴的な形状をしているオサムシのなかまで、日本の固有種です。成虫、幼虫ともにカタツムリを餌としており、成虫がカタツムリ（マイマイ）の殻に頭部を突っ込んで、その肉を食べる様子からこの名がつきました。地域によって色彩が大きく異なります。

- 触ると尾部から臭い液を放出し、目に入ると炎症を起こすので注意が必要
- 上翅は癒合していて飛べない
- 細長く伸びた頭部をカタツムリの殻の出口に差し込んで食べる
- オスの小顎鬚末端はメスより幅広い
- 亜種によって翅端の尖り具合がことなる
- 他のオサムシと違い前跗節の幅に性差がない

オサムシ亜科
マイマイカブリ
Carabus (Damaster) blaptoides blaptoides
●26〜65mm ●北海道〜九州 ●4〜10月
平地〜山地にかけての林に多い。地域によって色彩が大きく異なる。写真は本州（西半部）・四国・九州に生息するマイマイカブリ基亜種。

オサムシ亜科
ヒメマイマイカブリ
Carabus (Damaster) blaptoides oxuroides
●30〜50mm ●本州（関東・中部）●4〜10月
マイマイカブリ関東・中部地方亜種。

オサムシ亜科
キタマイマイカブリ
Carabus (Damaster) blaptoides viridipennis
●28〜44mm ●本州（東北地方北部）●4〜10月
マイマイカブリ東北地方北部亜種。

オサムシ亜科
コアオマイマイカブリ
Carabus (Damaster) blaptoides babaianus
●27〜44mm ●本州（東北地方南部・中部地方北部）
●4〜10月
マイマイカブリ東北地方南部亜種。

オサムシ亜科
エゾマイマイカブリ
Carabus (Damaster) blaptoides rugipennis
●26〜44mm ●北海道 ●4〜10月
マイマイカブリ北海道亜種。

セスジムシ科
セスジムシ

数珠状の短い触角をもつ、小形で細長い体型の甲虫です。体がとても硬く、「背筋虫」という名前の通り、胸部背面に深い縦溝があります。成虫、幼虫とも朽ち木内に生息します。

- 数珠状の触角
- 前胸背板に明瞭な筋溝があるので「背筋虫」

セスジムシ科
ホソセスジムシ
Yamatosa nipponensis
●5.5〜7mm ●北海道〜九州 ●ほぼ通年
朽ち木に生える変形菌を食べる。成虫はほぼ通年、朽ち木の中から発見される。

セスジムシ科
トビイロセスジムシ
Rhysodes comes
●6.5〜8.5mm ●北海道〜九州 ●ほぼ通年
朽ち木に生える変形菌を食べる。山地の朽ち木の樹皮下で見つかる。

オサムシ亜科
オオオサムシ
Carabus (Ohomopterus) dehaanii
●23～38mm ●本州～九州 ●4～10月
山地の森林やその周辺の地表に生息し、スギ・ヒノキ等の植林にも見られる。体色には黒色、黒緑色、銅色などがある。

オサムシ亜科
マヤサンオサムシ
Carabus (Ohomopterus) maiyasanus
●21～32mm ●本州（中西部） ●4～10月
湿り気のある森林を好む。
体色には銅色、緑色、黒色がある。

後胸～腹部が幅広い

上翅の大きな点刻列が目立つ

オサムシ亜科
クロオサムシ
Carabus (Ohomopterus) albrechti esakianus
●18～23mm ●本州（新潟～関東） ●4～10月
平地～山地の森林周辺で見られる。写真は、北海道～本州中部に生息するクロオサムシの関東地方北西部亜種で、エサキオサムシと呼ばれる。

オサムシ亜科
クロカタビロオサムシ
Calosoma (Calosoma) maximowiczi
●22～31mm ●本州～九州 ●4～10月
黒色で、上翅が四角く幅広い体型をしている。灯火にも飛来する。ガの幼虫などを食べる。

オサムシ亜科
エゾカタビロオサムシ
Calosoma (Campalita) chinense chinense
●23～31mm ●日本全国 ●4～10月
黒色で背面は銅色を帯びる。後翅が退化しておらず灯火にも飛来する。ガの幼虫などを食べる。

オサムシ亜科
ヤマトオサムシ
Carabus (Ohomopterus) yamato yamato
●17～22mm ●本州 ●4～10月
低山～山地に生息する。
緑銅色のやや小型のオサムシ。

オサムシ亜科
アカガネオサムシ
Carabus (Ohomopterus) yamato yamato
●18～24mm ●北海道・本州 ●4～10月
北方種で関東が分布の南限。

オサムシ亜科
セアカオサムシ
Carabus (Hemicarabus) tuberculosus
●16～22mm ●北海道～九州 ●4～10月
やや小型。前胸背板は胴色、上翅は緑胴色を帯びる。

朽ち木の樹皮下で越冬中のアカガネオサムシ

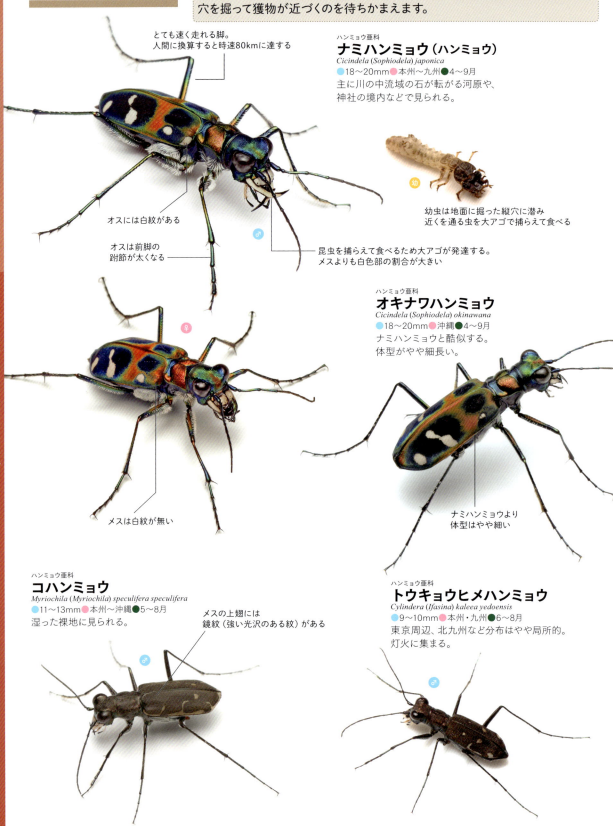

オサムシ科・マルクビゴミムシ亜科／カワラゴミムシ亜科／ヒョウタンゴミムシ亜科／オサムシモドキ亜科／チビゴミムシ亜科／ヌレチゴミムシ亜科／ホソクビゴミムシ亜科

ゴミムシ①

ゴミムシとはひどい名前ですが、オサムシ科のうちオサムシやハンミョウなどの目立つ虫を除いたその他の甲虫を示しています。尻から臭いガスを出す種類も多く、そのため「へっぴり虫」と呼ばれることもあります。

強くくびれる

マルクビゴミムシ亜科
クロキノカワゴミムシ
Leistus (Pogonophorus) obtusicollis
● 9.5～10.5mm ● 本州（中部以東） ● 4～10月
前胸背板と上翅の間が強くびれる。

金属光沢がある

マルクビゴミムシ亜科
アオキノカワゴミムシ
Leistus (Pogonophorus) subaeneus
● 8～8.5mm ● 本州（中部山地） ● 7～9月
同属他種に似るが、上翅は弱い金属光沢がある。

ゴミムシ類の中で特徴的な丸い体型

カワラゴミムシ亜科
カワラゴミムシ
Omophron (Omophron) aequale aequale
● 5.5～6.5mm ● 北海道～九州 ● 6～9月
他に似た種はいない。
自然度の高い開けた河川敷にいる。

黒く大きな紋

マルクビゴミムシ亜科
カワチマルクビゴミムシ
Nebria (Eunebria) lewisi
● 12～15mm ● 本州～九州 ● 4～10月
河原に多く、石の下などからよく見つかる。水田や畑でも見られる。

光沢が強い

マルクビゴミムシ亜科
ミヤマルクビゴミムシ
Nippononebria (Nippononebria) chalceola chalceola
● 7～9mm ● 本州～九州 ● 4～11月
山地で見られる。

国内のヒョウタンゴミムシのなかまでは際立って大きい

ヒョウタンゴミムシ亜科
オオヒョウタンゴミムシ
Scarites (Scarites) sulcatus sulcatus
● 28～38mm ● 本州～九州 ● 5～10月
夜間になると砂浜の表面を歩き、他の昆虫等を捕食する。大アゴが大きくクワガタムシ（→p.37-49）に間違えられることもある。

クワガタムシと違いメスの大アゴも大きい

前胸背板後角に突起がある

ヒョウタンゴミムシ亜科
ナガヒョウタンゴミムシ
Scarites (Parallelomorphus) terricola pacificus
● 15～19.5mm ● 本州・四国・沖縄 ● 通年
草地や畑地で見られる。

ヒョウタンゴミムシのなかまは大アゴが大きく前胸と中胸の間が細くくびれる独特の体型

ヒョウタンゴミムシ亜科
ヒョウタンゴミムシ
Scarites (Parallelomorphus) aterrimus
● 15～20mm ● 北海道～九州 ● 3-5月・7-10月
海浜の砂地、砂利地で見られる。

前胸背板後角の突起が弱い

ヒョウタンゴミムシ亜科
ホソヒョウタンゴミムシ
Scarites (Parallelomorphus) acutidens
● 17.5～22mm ● 本州～九州・沖縄 ● 5～10月
畑地、公園などの土中に穴を掘り、その中で生活する。灯火に集まる。

● 体長　● 分布　● 成虫が見られる時期

白っぽい

複眼が大きく張り出す

チビゴミムシ亜科
ヨツモンコミズギワゴミムシ
Tachyura (Tachyura) laetifica
●2.5mm前後 ●北海道～九州 ●6～8月
とても小さい。河川敷、湖畔、湿地、水田周辺などで見られる。

オサムシモドキ亜科
オサムシモドキ
Craspedonotus tibialis
●20～24mm ●北海道～九州 ●4～9月
海浜や河川の砂地で見られる。
脚の脛節が白っぽい。

チビゴミムシ亜科
メダカチビカワゴミムシ
Asaphidion semilucidum
●4mm前後 ●北海道～九州 ●5～10月
ケヤキなどの樹皮下や朽ち木の下などにいる。

虹色の光沢がある

複眼が退化している

チビゴミムシ亜科
ヒラタキイロチビゴミムシ
Trechus (Epaphius) ephippiatus
●4mm前後 ●北海道～九州 ●5～10月
小型で平たい。
透明感のある茶褐色で虹色の光沢がある。

チビゴミムシ亜科
ムコガワメクラチビゴミムシ
Trechiama (Trechiama) expectatus
●5mm前後 ●本州（武庫川中流域） ●ほぼ通年
廃坑や地下浅層などに生息する。
複眼は退化し痕跡のみとなっている。

ヌレチゴミムシ亜科
カワチゴミムシ
Diplous (Diplous) sibiricus caligatus
●10～13mm ●北海道～九州 ●4～10月
渓流沿いや河川敷などで見られる。

鈍い金属光沢がある

黒くて平たい

ヌレチゴミムシ亜科
ヨツアナミズギワゴミムシ
Bembidion (Plataphodes) tetraporum tetraporum
●2.5mm前後 ●北海道～九州 ●6～8月
とても小さい。河川敷、湖畔、湿地、水田周辺などで見られる。

ヌレチゴミムシ亜科
クロチビカワゴミムシ
Tachyta (Tachyta) nana nana
●3mm前後 ●北海道～九州 ●3～10月
林内の倒木の樹皮下で見つかる。
小さく黒く扁平な体。

ヌレチゴミムシ亜科
キアシヌレチゴミムシ
Archipatrobus flavipes flavipes
●15mm前後 ●北海道～九州 ●4～12月
河川などややしめった環境に生息。

ホソクビゴミムシ亜科
ミイデラゴミムシ
Pheropsophus (Stenaptinus) jessoensis
●11～18mm ●日本全国 ●4～10月
田畑の畦や河原で見られる。
刺激性のガスを噴射する。

触ると尻からプッと音を立てて
熱くて臭いガスを放出する。
通称「へっぴり虫」

ホソクビゴミムシ亜科
オオホソクビゴミムシ
Brachinus scotomedes
●11～15mm
●北海道～九州・沖縄 ●3～11月
林内の朽ち木などの下で見られる。

ガス噴射をするオオホソクビゴミムシ

ゴミムシ②

オサムシ科・ナガゴミムシ亜科

ゴミムシの形態や生態は多様ですが、一般的にはやや扁平な体型で、触角は糸状で発達した大アゴをもっています。地表を活発に歩きまわり、灯火に集まるものも多くいます。肉食のものが多数を占めますが、雑食のものや植物食の種類もいます。

ナガゴミムシ亜科
ルイスオオゴミムシ
Trigonotoma lewisii
16〜18mm 本州〜九州 4〜9月
暗い森林等に生息。

ナガゴミムシ亜科
オオゴミムシ
Lesticus (Triplogenius) magnus
20〜24mm 北海道〜九州 3〜11月
平地〜山地で生息し、日中は石や倒木の下で見つかる。

ナガゴミムシ亜科
アカガネオオゴミムシ
Myas (Trigonognatha) cuprescens cuprescens
17.5〜22.5mm 北海道〜九州 4〜10月
大型。紫銅色の美しい金属光沢がある。

ナガゴミムシ亜科
マルガタナガゴミムシ
Pterostichus (Bothriopterus) subovatus baderlei
10.5〜13.5mm 北海道〜九州 4〜11月
山地性。

ナガゴミムシ亜科
ヨリトモナガゴミムシ
Pterostichus (Lyrothorax) yoritomus
12〜14.5mm 北海道〜九州 4〜11月
平地〜低山地に普通。

ナガゴミムシ亜科
クロオオナガゴミムシ
Pterostichus (Platysma) leptis
16〜22mm 北海道・本州 6〜10月
大型で真っ黒。平地〜山地の河原や砂礫地で見られる。

ナガゴミムシ亜科
ヤセモリヒラタゴミムシ
Diacanthostylus elainus elainus
9.5〜12mm 北海道〜九州 4〜10月
林床や樹上などで見られる。

ナガゴミムシ亜科
チビモリヒラタゴミムシ
Agonum (Eucolpodes) aurelium aurelium
6.5〜8mm 北海道〜九州 2〜11月
山地の樹上や葉上で見られる。やや小さく上翅に緑銅色の金属光沢がある。多くない。

ナガゴミムシ亜科
ルリヒラタゴミムシ
Dicranoncus femoraliss
8〜9.5mm 北海道〜九州 4〜10月
瑠璃色の上翅が美しい。灯火に集まる。

後胸〜腹部が平らで幅広い

上翅に強い金属光沢がある

体は橙褐色で、縁が暗褐色

ナガゴミムシ亜科
オオヒラタゴミムシ
Platynus (Batenus) magnus
●11.5〜16mm ●北海道〜九州 ●3〜5・10〜11月
冬季にも見られる。

ナガゴミムシ亜科
キンモリヒラタゴミムシ
Agonum (Glaucagonum) sylphis sylphis
●8.5〜10.5mm ●北海道〜九州 ●4〜11月
樹上性。真冬でも見かける。

ナガゴミムシ亜科
ベーツヒラタゴミムシ
Euplynes batesi
●7mm前後 ●北海道〜九州 ●4〜10月
灯火に飛来する。

前胸背板が赤い個体や上翅の赤紋がない個体がいる。性別は無関係

色の対比が印象的

ナガゴミムシ亜科
クビアカモリヒラタゴミムシ
Loxocrepis rubriola
●7.5〜9mm ●本州〜九州・沖縄 ●3〜10月
樹上性で花にも集まる。橙と緑で美しい。

ナガゴミムシ亜科
セアカヒラタゴミムシ
Dolichus halensis
●15.5〜20mm ●北海道〜九州 ●3〜11月
前胸背板が赤褐色や黒色、上翅の赤褐色紋がないなど個体変異がある。各地に普通にいる。

光沢が強い

ナガゴミムシ亜科
クロツヤヒラタゴミムシ
Synuchus (Synuchus) cycloderus
●10.5〜14mm ●北海道〜九州 ●5〜11月
森林性。秋に活動が活発になる。

前胸背板が大きめで丸い

虹色の光沢がある

ナガゴミムシ亜科
マルガタツヤヒラタゴミムシ
Synuchus (Synuchus) arcuaticollis
●8〜10.5mm ●北海道〜九州 ●4〜11月
平地〜亜高山帯まで普通に見られる。

ナガゴミムシ亜科
コクロツヤヒラタゴミムシ
Synuchus (Synuchus) melantho
●9.5〜13mm ●北海道〜九州 ●6〜10月
山地性。

ナガゴミムシ亜科
オオクロツヤヒラタゴミムシ
Synuchus (Synuchus) nitidus nitidus
●12.5〜17mm ●北海道〜九州 ●5〜12月
真っ黒で虹色を帯びた光沢がある。

広く窪む

弱い金属光沢がある

ナガゴミムシ亜科
コヒラタゴミムシ
Platynus (Batenus) protensus protensus
●11.5〜14mm ●本州〜九州 ●4〜10月
水田周辺、畑、河川敷などで多い。灯火にもよく飛んでくる。

ナガゴミムシ亜科
ヤマトクロヒラタゴミムシ
Platynus (Platynus) subovatus
●11〜13.5mm ●本州 ●4〜11月
山地性。灯火に集まる。

ナガゴミムシ亜科
ホソヒラタゴミムシ
Pristosia aeneola
●13〜14mm ●本州・四国 ●5〜10月
低山地〜高山帯まで広く分布。

オサムシ科・マルガタゴミムシ亜科／ゴモクムシ亜科

ゴミムシ③

ゴミの下や近くでよく見つかることからゴミムシと名づけられました。ゴミだめに集まるのは、ゴミに集まる小さな昆虫などを餌としているためです。

複眼後方の側頭部が後方に向かって直線的に狭まる

複眼後方の側頭部が後方に向かってやや膨らむ

金属光沢はほとんどない

マルガタゴミムシ亜科
マルガタゴミムシ
Amara (Amara) chalcites
●7.5〜10mm ●北海道〜九州 ●3〜10月
緑銅色の弱い金属光沢がある。ニセマルガタゴミムシに似る。

マルガタゴミムシ亜科
ニセマルガタゴミムシ
Amara (Amara) congrua
●7.5〜10mm ●北海道〜九州・沖縄 ●4〜11月
緑、青、紫銅色などの強い金属光沢がある。マルガタゴミムシに似る。

マルガタゴミムシ亜科
コマルガタゴミムシ
Amara (Bradytus) simplicidens
●8〜10mm ●北海道〜九州 ●4〜11月
マルガタゴミムシ、ニセマルガタゴミムシに似るが、金属光沢がない。

マルガタゴミムシ亜科
オオマルガタゴミムシ
Amara (Curtonotus) gigantea
●17.5〜21mm ●北海道〜九州 ●4〜10月
メスはオスのような光沢がない。

マルガタゴミムシ亜科
ニセコマルガタゴミムシ
Amara (Bradytus) sinuaticolis
●7〜8mm ●北海道・本州 ●3〜10月
コマルガタゴミムシに似るがやや小さく、上翅端がやや尖る。

弱い金属光沢がある

凹みが顕著

前胸背板後角が側後方に突出する

前胸背板の幅が長さの約1.6倍

マルガタゴミムシ亜科
コアオマルガタゴミムシ
Amara (Reductocelia) chalcophaea chalcophaea
●6.5〜8mm ●北海道〜九州 ●4〜11月
河原などの砂地の石の下にいる。

マルガタゴミムシ亜科
ナガマルガタゴミムシ
Amara (Curtonotus) macronota
●10.5〜13.5mm ●北海道〜九州 ●4〜11月
平地〜山地に普通。秋に多く見られる。

マルガタゴミムシ亜科
ヒョウゴマルガタゴミムシ
Amara (Curtonotus) hiogoensis
●13.5〜15.5mm ●北海道・本州・九州 ●4〜9月
山間部に見られる。灯火によく飛んでくる。

●体長 ●分布 ●成虫が見られる時期

オサムシ科・スジバネゴミムシ亜科／スナハラゴミムシ亜科／ツブゴミムシ亜科／クビナガゴミムシ亜科／アオゴミムシ亜科

ゴミムシ④

ゴミムシは黒や褐色の目立たない体色のものばかりで、これといった模様もないという地味なイメージがあります。しかしアオゴミムシ類のように、美麗なオサムシ（→p.14-15）を彷彿とさせるような派手な色や金属光沢をもつ種類もいます。

スジバネゴミムシ亜科
クビボソゴミムシ（オオクビボソゴミムシ）
Galerita orientalis
●20〜22mm ●本州〜九州・南西諸島 ●5〜9月
林床などに生息する。

色彩・体型ともに特徴的

腿節の先端が黒色

左右非対称の大アゴは陸生貝類を食べるのに都合がよいらしい

スナハラゴミムシ亜科
クロズカタキバゴミムシ
Badister (Baudia) nigriceps
●5〜6mm ●北海道・本州・九州 ●5〜10月
頭部だけが黒い。
大アゴが左右で非対称。

ツブゴミムシのなかまは前胸が小さく横長の楕円形

ツブゴミムシ亜科
カドツブゴミムシ
Pentagonica angulosa
●4〜5mm ●北海道〜九州・沖縄 ●5〜10月
同属のクロツブゴミムシに似るが、後胸〜腹部がやや長く、いかり肩。

ツブゴミムシ亜科
ダイミョウツブゴミムシ
Pentagonica daimiella
●5〜6mm ●北海道〜九州・沖縄 ●4〜10月
前胸と脚部が橙褐色。
灯火によく集まる。

前胸がとても細い

クビナガゴミムシ亜科
フタモンクビナガゴミムシ
Pentagonica angulosa
●7〜8.5mm ●本州〜九州 ●4〜10月
はっきりした紋と色彩でよく目立つ。

上翅は緑銅色

頭部のみに金属光沢がある

アオゴミムシ亜科
アオゴミムシ
Chlaenius (Chlaenius) pallipes
●14mm前後 ●北海道〜九州 ●4〜10月
草地や畑、河原で見られる。頭部と上翅が光沢のある緑色、胸は赤銅色。

アオゴミムシ亜科
コガシラアオゴミムシ
Chlaenius (Achlaenius) variicornis
●11〜13.5mm
●北海道〜九州 ●4〜11月
水田周辺や河川敷など、湿り気がある場所に多い。

オサムシ科・アトキリゴミムシ亜科

ゴミムシ⑤

アトキリゴミムシ類は、枯れ木やキノコに集まったり樹上で生活したりする、ゴミムシの中では少し変わった存在です。上翅の端が切れたように短く、腹部が少しだけ見えているのが特徴です。通好みのゴミムシと言えるかもしれません。

緑金色

アトキリゴミムシ亜科
アオアトキリゴミムシ
Calleida (Callidiola) onoha
●7〜9.5mm ●北海道〜九州・沖縄 ●5〜10月
樹上性。上翅に緑金色の金属光沢があり、前胸背板は暗褐色。

弱い金属光沢がある

アトキリゴミムシ亜科
スジミズアトキリゴミムシ
Apristus grandis
●4mm前後 ●北海道〜九州 ●5〜10月
河川敷や海岸の砂礫地で見られる。弱い金属光沢がある。

上翅前方と後方に黄褐色の紋があり光沢が弱い

アトキリゴミムシ亜科
キボシアトキリゴミムシ
Anomotarus (Anomotarus) stigmula
●5mm前後 ●本州〜九州・沖縄 ●3〜11月
小型。珍しい。

キノコゴミムシより小さい
上翅に条溝がある

Wのような模様

アトキリゴミムシ亜科
ハギキノコゴミムシ
Coptodera (Coptoderina) subapicalis
●5.5〜7mm ●北海道〜九州 ●5〜9月
上翅の後方に橙褐色のW字のような紋があるが、消失する個体もいる。倒木や伐採木で見つかる。

アトキリゴミムシ亜科
コキノコゴミムシ
Coptodera (Coptoderina) japonica
●9〜10.5mm ●本州（西南部）・九州 ●7〜8月
上翅に2対の黄橙色の紋がある。キノコに集まる。

頭部だけ黒い

アトキリゴミムシ亜科
ミズギワアトキリゴミムシ
Demetrias marginicollis
●5〜5.5mm
●北海道・本州・九州 ●4〜10月
水辺付近の草地、アシ原等にすむ。

可愛い模様

アトキリゴミムシ亜科
コヨツボシアトキリゴミムシ
Dolichoctis striatus striatus
●5mm前後 ●本州〜九州・沖縄 ●5〜10月
小型。上翅の2対の橙褐色の紋が特徴的。

アトキリゴミムシ亜科
キタホソアトキリゴミムシ
Dromius (Dromius) nipponicus
●5.5〜6mm ●北海道・本州 ●4〜10月
多くない。倒木などの樹皮下で成虫越冬する。

ザラザラしている

アトキリゴミムシ亜科
アリスアトキリゴミムシ
Lachnoderma asperum
●7.5〜8mm ●本州 ●4〜11月
乾燥した草地を好むカワラケアリの巣で見つかるが、生態はよくわかっていない。アリスとは蟻の巣の意。

全体が褐色〜暗褐色

アトキリゴミムシ亜科
ホソアトキリゴミムシ
Dromius (Klepterus) prolixus
●6〜6.5mm ●北海道〜九州 ●6〜10月
樹上性。光沢のある褐色で細長い。山地に多く、灯火によく飛来する。

●体長 ●分布 ●成虫が見られる時期

上翅端の紋が大きい

アトキリゴミムシ亜科
ジュウジアトキリゴミムシ
Lebia (Poecilothais) retrofasciata
●6mm前後 ●北海道～九州 ●4～11月
樹上性。花や灯火にも飛来する。上翅にひし形の黒色紋。

上翅端の紋が小さい

アトキリゴミムシ亜科
フタホシアトキリゴミムシ
Lebia (Poecilothais) bifenestrata
●4～5mm ●日本全国 ●4～9月
樹上性。上翅に赤褐色の紋が2つある。

コキノコゴミムシより大きい
上翅に条溝がない

アトキリゴミムシ亜科
キノコゴミムシ
Lioptera erotyloides
●13～15mm ●北海道～九州 ●4～10月
上翅に2対の橙色の紋があり、オオキノコムシ（→p.77）のなかまのよう。

目玉模様が目立つ

アトキリゴミムシ亜科
フタツメゴミムシ
Lebidia bioculata bioculata
●8mm前後 ●北海道～九州 ●4～11月
樹上性。上翅に大きな目玉模様があり、とても目立つ。

死ぬと模様が薄くなる

アトキリゴミムシ亜科
ヤホシゴミムシ
Lebidia octoguttata
●10～12.5mm ●北海道～九州 ●4～11月
樹上性。上翅に4対の白紋があり可愛い。

アトキリゴミムシ亜科
ヤセアトキリゴミムシ
Mochtherus luctuosus
●8mm前後 ●本州～九州 ●4～10月
頭部、前胸部に対して中胸～腹部が著しく幅広い。

背面に微毛が生えザラザラしている

アトキリゴミムシ亜科
メダカアトキリゴミムシ
Orionella lewisii
●10mm前後 ●本州～九州 ●6～10月
薪置き場などで見つかる。

強い光沢があり上翅に4対の小さなへこみがある

アトキリゴミムシ亜科
オオヨツアナアトキリゴミムシ
（オオミツアナアトキリゴミムシ）
Anomotarus (Anomotarus) stigmula
●9～12mm ●北海道～九州 ●5～9月
樹上性。飴色の光沢のある上翅をもつ。

複眼が青っぽい銀色

アトキリゴミムシ亜科
オオヒラタアトキリゴミムシ
Parena laesipennis
●11～12.5mm ●北海道～九州・沖縄 ●5～10月
樹上性。ヒラタアトキリゴミムシよりやや大きく、前胸背板が丸みを帯びる。

複眼が青っぽい銀色

上翅に4対の小さな凹みがある

アトキリゴミムシ亜科
ヒラタアトキリゴミムシ
Parena cavipennis
●10mm前後 ●本州～九州・沖縄 ●5～9月
樹上性。褐色で強い光沢があり、扁平な体型。

体は橙褐色で、上翅の外縁が黒い

アトキリゴミムシ亜科
クロヘリアトキリゴミムシ
Parena nigrolineata nipponensis
●8～10mm ●本州～九州・沖縄 ●4～11月
樹上性。写真はオオバクサの葉にいた交尾ペア。上がオス。

ゲンゴロウ科・ゲンゴロウ亜科／ケシゲンゴロウ亜科／マメゲンゴロウ亜科／セスジゲンゴロウ亜科／ヒメゲンゴロウ亜科

ゲンゴロウ

水中に生息する平たい卵型の体型をした甲虫で、毛の生えた太く平たい後脚をたくみに使って水中を素早く泳ぎます。成虫、幼虫ともに肉食性で、鋭い大アゴで他の水生昆虫やオタマジャクシ、小魚などを捕食します。後翅も発達していてよく飛翔し、灯火にもよく集まります。

泳ぎに適した形の後脚

オスの前脚は吸盤があり丸い形
交尾のときメスを保持しやすい

メスの上翅は光沢がなく、筋が入る

ゲンゴロウ亜科
ゲンゴロウ（ナミゲンゴロウ・オオゲンゴロウ）
Cybister (Scaphinectes) chinensis
●34〜42mm ●北海道〜九州 ●通年
体色は見る角度で緑色や赤色に変化する。
上翅には鮮やかな黄色い縁取りがある。

ゲンゴロウ亜科
コガタノゲンゴロウ
Cybister (Cybister) tripunctatus lateralis
●24〜29mm ●本州〜九州・沖縄 ●通年
水草の多い池沼、水田、休耕田や湿地などに生息する。腹面は黒色〜赤褐色。

ゲンゴロウ亜科
ヒメフチトリゲンゴロウ
Cybister (Cybister) rugosus
●27〜33mm ●沖縄 ●通年
水草の多い池や沼、休耕田などに生息。
腹面は胸部が黄褐色。

ゲンゴロウ亜科
クロゲンゴロウ
Cybister (Melanectes) brevis
●20〜25mm ●本州〜九州 ●通年
水草の多い池沼、水田、休耕田や湿地などに生息する。全身が黒い。

頭部〜上翅が真っ黒だが
水中では茶色っぽく見える

ゲンゴロウ亜科
マルガタゲンゴロウ
Graphoderus adamsii
●12〜14.5mm ●北海道〜九州 ●4〜10月
水の澄んだ止水域で見られ、
近年減少している。

メスの前脚は細い

上翅が灰色〜暗灰色

脚部が黄褐色

額に長円形の黒紋がある

ゲンゴロウ亜科
ハイイロゲンゴロウ
Eretes sticticus
●10〜16mm ●日本全国 ●通年
体色は水中では明るい銀色。非常に活動的でプールや公園の噴水、水たまりなどでも見ることができる。

帯模様が2本

小楯板の脇にも紋がある

ゲンゴロウ亜科
シマゲンゴロウ
Hydaticus (Guignotites) bowringii
●13〜14mm ●北海道〜九州 ●4〜10月
上翅に1対の黄色い斑紋。
腹面は赤褐色。

前胸背板後方が
直線的に黒い

上翅が暗灰色

スジ状の模様

ゲンゴロウ亜科
コシマゲンゴロウ
Hydaticus (Guignotites) grammicus
●9〜11mm ●北海道〜九州 ●4〜11月
平地の池沼、
水田の水路などよくで見られる。
上翅の縦縞が明瞭。

輪のような模様

基部近くに細い横帯

ゲンゴロウ亜科
リュウキュウオオイチモンジシマゲンゴロウ
Hydaticus (Guignotites) conspersus sakishimanus
●14〜15mm ●沖縄本島・石垣島・西表島 ●通年
池や水たまり、弱い流れのある浅い水域などにいる。本州に分布するオオイチモンジシマゲンゴロウの亜種。

帯模様が前方で分かれる

ゲンゴロウ亜科
オキナワスジゲンゴロウ
Hydaticus (Guignotites) vittatus
●11〜14mm ●奄美・沖縄 ●通年
水生植物が豊富な池沼や放棄水田等に見られる。

細い帯模様がある

マメゲンゴロウ亜科以下の小型種のグループは前脚に顕著な性差のない種が多い

上翅が暗黄褐色

ケシゲンゴロウ亜科
チビゲンゴロウ
Hydroglyphus japonicus
●2mm前後 ●北海道〜九州 ●4〜11月
小形のゲンゴロウ。池や水たまりに普通。

マメゲンゴロウ亜科
マメゲンゴロウ
Agabus (Acatodes) japonicus
●7mm前後 ●日本全国 ●4〜11月
身近な池などで見られる小形のゲンゴロウ。

黄褐色の紋にはかなり個体変異がある

マメゲンゴロウ亜科
モンキマメゲンゴロウ
Platambus pictipennis
●8mm前後 ●北海道〜九州 ●3〜10月
山地の渓流〜下流域まで生息。上翅の紋が消失する個体もいる。

上翅は黄褐色で黒く細かい点刻が密にある

ヒメゲンゴロウと比べ大型で、体は扁平

上翅の条溝が目立つ

セスジゲンゴロウ亜科
セスジゲンゴロウ
Copelatus japonicus
●5〜6mm ●本州〜九州 ●5〜11月
大きな河川の水たまりなどに生息。よく似た種が複数存在する。

ヒメゲンゴロウ亜科
ヒメゲンゴロウ
Rhantus (Rhantus) suturalis
●8mm前後 ●北海道〜九州 ●3〜10月
山地の渓流に生息。上翅の黄褐色の紋が特徴的。

ヒメゲンゴロウ亜科
オオヒメゲンゴロウ
Rhantus (Rhantus) erraticus
●13mm前後 ●北海道・本州（長野以北）●4〜11月
林に囲まれた浅い池や水路に生息する。ヒメゲンゴロウに似るが、光沢が鈍い。

ミズスマシ
ミズスマシ科

水面にすむ甲虫で、流線型の体で水上を素早く旋回しながら、水に浮いた昆虫や、動物の死体などを食べています。複眼は上下に分かれていて、水面と水中を同時に見ることができます。長い前脚は獲物をつかまえるのに使われ、中脚と後脚は短くヘラ状になっています。

ゲンゴロウのような黄褐色の帯模様

ミズスマシ科
オオミズスマシ
Dineutus (Ciclous) orientalis
●8〜10mm ●北海道〜九州・沖縄 ●4〜10月
大型のミズスマシ。前胸背板と上翅の縁に黄色のライン。上翅に刺状突起。

複眼が上下に分かれ水上と水中を同時に見られる

鋭く尖る突起が2対ある

突き出した尾端

ミズスマシ科
オナガミズスマシ
Orectochilus (Orectochilus) regimbarti regimbarti
●8〜9mm ●本州〜九州 ●7〜8月
黄褐色の微毛に覆われ、尾端が長く突出している。

カブトムシ亜目

多食亜目とも呼ばれる、最も馴染み深い甲虫の一亜目。甲虫の9割近く、30万種以上が記載されており、抜群の多様性を誇ります。一番の特徴は、第一腹節が後脚の基節によって左右に分断されていないことです。形態、生態、生活型が多種多様な140あまりの科に分けられ、ハネカクシ上科、コガネムシ上科、ヒラタムシ上科、ゾウムシ上科、ゴミムシダマシ上科、ハムシ上科などの15ほどの上科に分類されます。食性も、食植性、食材性、肉食性、フンなどを食べる腐食性などと多様です。

ガムシ／エンマムシ　カブトムシ亜目・ガムシ上科／エンマムシ上科

カブトムシのオス。
最盛期は日中でもよく目にする

●体長　●分布　●成虫が見られる時期

🔵 ガムシ上科

ガムシ科などの数種からなるカブトムシ亜目の一群で、約3,000種、日本からは約100種が知られています。湿った土壌などに生活する陸生の種もいますが、基本的に水生です。しかし、成虫はオサムシ亜目のゲンゴロウ（→p.28）やミズスマシ（→p.29）のように活発に泳ぐことはありません。藻類や水草、ときに動物遺体を食べます。一方、幼虫は肉食性で泳ぎがたくみです。

🔵 ガムシ科・ガムシ亜科
ガムシ

一見するとゲンゴロウに似ていますが、泳ぎが下手で、触角の先が棍棒状になっていることで見分けがつきます。水生で池や沼、水田などに生息しますが、陸上にすむものもいます。

ガムシに似ているが小さい

ガムシ亜科
ヒメガムシ
Sternolophus (Sternolophus) rufipes
●9〜11mm ●本州〜九州・沖縄 ●4〜10月
池や水たまりなどに普通に見られる。

ゲンゴロウほど泳ぎは上手くない
ゲンゴロウは後脚で水をかくがガムシは中脚を使う

前胸下面中央から腹部に向かって長い牙状の突起がある

ガムシ亜科
ガムシ
Hydrophilus (Hydrophilus) acuminatus
●33〜40mm ●北海道〜九州 ●4〜10月
大型の水生甲虫。腹面に牙のような突起があり、名前の由来となっている。

ガムシ亜科
キベリヒラタガムシ
Enochrus (Methydrus) japonicus
●5.5〜6mm ●本州〜九州 ●4〜10月
水草の多い池や沼地に生息。前胸と上翅の外縁は透明感のある淡黄色。

体の周囲がゲンゴロウ（→p.28）のように黄褐色

🔵 エンマムシ上科

エンマムシダマシ科、エンマムシモドキ科、エンマムシ科の3科からなるカブトムシ亜目の一群で、約4,000種以上、日本からは約90種が知られています。体長は数mmから1cmくらいの小さな甲虫で、丸い体で後端は裁断的です。腐肉やフンに集まりますが、それはそこに発生するウジなどを捕食するためです。

🔵 エンマムシ科・エンマムシ亜科／ドウガネエンマムシ亜科
エンマムシ

ずんぐりした体型の小形の甲虫です。腐敗した動物の死体の他にもフンや枯れ木、キノコなどにも集まり、そこに発生するウジやアリ、シロアリなどを捕食します。死体に集まるので「閻魔虫」と呼ばれます。よく似た種が多く、同定の難しいなかまです。

腹面も扁平でツヤツヤしている

エンマムシ亜科
ヤマトエンマムシ
Hister japoncus
●9〜11mm ●本州〜九州 ●5〜10月
フンや腐敗物に集まる。
腹端が上翅からはみ出る。

エンマムシ亜科
オオヒラタエンマムシ
Hololepta amurensis
●7.5〜11mm ●北海道〜九州 ●4〜10月
漆黒の扁平な体で尖った大アゴが突き出す。朽ち木や倒木の樹皮下で見つかる。

普通の甲虫より上翅が内側から生えている

瑠璃色の強い金属光沢がありとても美しい

ドウガネエンマムシ亜科
ルリエンマムシ
Saprinus (Saprinus) splendens
●5〜8mm ●日本全国 ●4〜10月
フンや腐敗物に集まる。
全身に瑠璃色の光沢をもつ。

エンマムシ亜科
コエンマムシ
Margarinotus (Grammostethus) niponicus
●3.5〜6mm ●本州〜九州 ●3〜10月
最も普通に見られるエンマムシ。
樹液にも来る。

上翅基部に2対の黄橙色の紋がある

エンマムシ亜科
キノコアカマルエンマムシ
Notodoma fungorum
●3〜4mm ●本州〜九州・沖縄 ●7〜8月
キノコ類に集まる昆虫の幼虫を食べる。
おしゃれな色彩が特徴。

エンマムシ亜科
ヒメナガエンマムシ
Platysoma (Platysoma) celatum
●2〜3mm ●北海道〜九州 ●3〜11月
とても小さい。
倒木などの樹皮下で見つかる。

ハネカクシ上科

ハネカクシ科、シデムシ科、ムクゲキノコムシ科、タマキノコムシ科、コケムシ科、デオキノコムシ科、アリヅカムシ科などからなる、カブトムシ亜目の一群で、約3万種、日本からは約1,200種が知られています。ハネカクシ科は小さくなった上翅の下に後翅をたたみ隠していて、腹部が大きく露出します。いろいろなものを食べますが、主に肉食性。シデムシ科で代表的なのは、体に厚みのあるモンシデムシ類と体が扁平なヒラタシデムシ類で、動物の遺体を食べて生活します。

タマキノコムシ科・タマキノコムシ亜科
タマキノコムシ

卵形で光沢のある微小な甲虫です。朽ち木や落ち葉、キノコなどに生息します。

タマキノコムシ亜科
ウスイロヒメタマキノコムシ
Pseudcolenis (Pseudcolenis) hilleri
●2mm前後 ●北海道～九州 ●4～10月
とても小さい。
朽ち木に生えた菌類で見られる。

タマキノコムシ亜科
オオマルタマキノコムシ
Agathidium (Cyphoceble) subcostatum
●4～5mm ●利尻島・本州～九州 ●4～10月
よく似た種が多い。
警戒するとまん丸になる。

タマキノコムシ亜科
アカバマルタマキノコムシ
Sphaeroliodes rufescens
●4～5mm ●北海道～九州 ●4～10月
頭部と前胸背板が暗褐色。
警戒するとまん丸になる。

ハネカクシ科・アリヅカムシ亜科
アリヅカムシ

落ち葉や朽ち木、土中などにいる微小な甲虫です。アリの巣内にすむものもいます。

アリヅカムシ亜科
エゾエンマアリヅカムシ
Trissemus (Trissemus) pseudalienus
●1.5mm前後 ●北海道・本州 ●4～10月
とても小さい。似た種が非常に多く、同定が難しいなかま。

ハネカクシ科・オサシデムシモドキ亜科
オサシデムシモドキ

シデムシに似た体型をしています。

オサシデムシモドキ亜科
シラオビシデムシモドキ
Nodynus leucofasciatus
●9～10mm ●北海道～九州 ●4～10月
シデムシのような体型のハネカクシ。上翅に黄白色のはっきりした紋がある。山地性。

ハネカクシ科・デオキノコムシ亜科
デオキノコムシ

キノコや枯れ木に集まる丸い体型の甲虫です。上翅の端が短くなっていて、腹部がすこし見えています。

デオキノコムシ亜科
クリイロケシデオキノコムシ
Scaphisoma castaneipenne
●2～2.5mm ●本州～九州 ●4～10月
丸い体型で、体色は暗褐色～赤褐色。キノコや伐採木などにいる。

デオキノコムシ亜科
ヒメクロデオキノコムシ
Scaphidium incisum
●4～5mm ●北海道～九州 ●4～11月
上翅に条溝がない。
活発に歩きまわる。

弱い金属光沢がある

デオキノコムシ亜科
ホソスジデオキノコムシ
Ascaphium tibiale
●5～6mm ●本州～九州 ●5～10月
腐った倒木などの樹皮下で見られる。
上翅の点刻列が基部から2/3ほどで途切れる。

デオキノコムシ亜科
ヤマトデオキノコムシ
Scaphidium japonum
●5～7mm ●北海道～九州 ●4～10月
山地性。上翅に2対の橙褐色の紋がある。
似た種がいくつかいる。

●体長　●分布　●成虫が見られる時期

🔴 シデムシ科・シデムシ亜科／モンシデムシ亜科

シデムシ

「死出虫」という名前の通り、成虫、幼虫ともに動物の死体に集まるものが多く、死肉やそこに発生するウジなどを食べています。モンシデムシ類はネズミやヘビなどの死肉を丸めて地中に埋める習性があり、成虫が幼虫の子育てをする亜社会性行動が知られています。

シデムシ亜科
オオヒラタシデムシ
Necrophila (Eusilpha) japonica
●18〜23mm ●北海道〜九州 ●4〜10月
市街地の公園などにもおり、最も普通に見られるシデムシ。幼虫は三葉虫を細長くしたような姿。

他のシデムシにはない色と模様

シデムシ亜科
ヨツボシヒラタシデムシ
Dendroxena sexcarinata sexcarinata
●10〜15mm ●北海道〜九州 ●5〜7月
樹上性。鱗翅類の幼虫が多い春〜初夏に出現し、特にキアシドクガの幼虫を好む。

小さい時は地中にいて大きくなってくると地上に出て来て成虫と一緒にミミズなど生物の死がいを食べる

シデムシ亜科
ベッコウヒラタシデムシ
Necrophila (Calosilpha) brunneicollis
●17〜22mm ●本州〜九州・奄美 ●5〜9月
動物の死体に集まる。上翅は黒色、前胸背板は周縁が赤色で中央部が黒色。

オオモブトシデムシより上翅端が尖る

シデムシ亜科
クロボシヒラタシデムシ
Oiceoptoma nigropunctatum
●10〜15mm ●本州〜九州 ●5〜8月
山地性。赤い前胸背板に2対の黒い紋がありおしゃれ。

シデムシ亜科
オオモモブトシデムシ
Necrodes littoralis
●15〜23mm ●北海道〜九州・沖縄 ●4〜10月
オスは後脚腿節が著しく太い。触角先端3節が橙褐色。

シデムシ亜科
モモブトシデムシ
Necrodes nigricornis
●18〜20mm ●北海道〜九州 ●4〜10月
動物の死体や生ゴミなどに集まる。体は黒色で光沢はやや鈍い。オスの後腿節は太く先端内側に小突起がある。

後脚腿節が細いのはメス

後脚腿節が細いのはメス

上翅端が丸い

モンシデムシ亜科
クロシデムシ
Nicrophorus concolor
●25〜45mm ●北海道〜九州 ●4〜10月
大きくて迫力のある日本最大のシデムシ。夜行性で灯火に飛来する。

モンシデムシ亜科
ヒメモンシデムシ
Nicrophorus montivagus
●10〜17mm ●本州〜九州 ●4〜10月
日本のモンシデムシでは最も小型。同属数種に似るが、触角は先端1節のみが橙色。

モンシデムシのなかまは橙色のダニ類を乗せていることが多い

上翅後方の紋は翅端に達する

モンシデムシ亜科
ヨツボシモンシデムシ
Nicrophorus quadripunctatus
●13〜21mm ●北海道〜九州 ●4〜10月
平地〜亜高山帯まで広く分布。よく飛び、灯火に集まる。

モンシデムシ亜科
ヒメクロシデムシ
Nicrophorus tenuipes
●14〜23mm ●北海道・本州（中部以北）●7〜9月
山地性。クロシデムシより小型で、触角は先端まで黒い。上翅は細かい点刻が目立つ。

上翅後方の紋は翅端に達しない

モンシデムシ亜科
マエモンシデムシ
Nicrophorus maculifrons
●13〜25mm ●北海道〜九州 ●3〜11月
平地〜森林限界域まで広く分布。似た模様の種がいくつかいるが、模様の形状などで区別出来る。

ハネカクシ科・シリホソハネカクシ亜科/ヨツメハネカクシ亜科/ツツハネカクシ亜科/ヒラタハネカクシ亜科/オオキバハネカクシ亜科/アリガタハネカクシ亜科/ヒゲブトハネカクシ亜科/ハネカクシ亜科

ハネカクシ

上翅がとても短く、後翅はその下に細かくたたんで収められているため「翅隠し」と名づけられました。腹部の大部分が露出しハサミムシに似た姿をしていますが、飛翔能力の高い甲虫です。多くの種は肉食性ですが、植食性のものや腐敗した動植物質を食べるものもいます。

頭部が小さい

シリホソハネカクシ亜科
ショウモンキノコハネカクシ
Lordithon (Lordithon) limbifer
●10mm前後 ●本州〜九州 ●4〜10月
朽ち木の樹皮下で見つかる。

シリホソハネカクシ亜科
ニセヤマトマルクビハネカクシ
Tachinus (Tachinus) obesus
●10mm前後 ●本州〜九州 ●4〜10月
上翅がやや大きい。ヤマトマルクビハネカクシに似る。

シリホソハネカクシ亜科
オオヒメキノコハネカクシ
Sepedophilus fimbriatus
●6mm前後 ●北海道〜九州 ●6〜11月
朽ち木に生えたキノコなどで見つかる。

後胸〜腹部が太く盛り上がり上翅が大きい

ヨツメハネカクシ亜科
クロモンヨツメシデムシモドキ
（クロモンシデムシモドキ）
Lordithon (Lordithon) limbifer
●5mm前後 ●本州〜九州 ●4〜10月
朽ち木の樹皮下にいる。ハネカクシのなかまだが上翅が大きく、一見ハムシかゴミムシのよう。

前胸背板が大きく角張り腹部が細い 他にも似た種がいる

ツツハネカクシ亜科
クロツヤツノツツハネカクシ
Priochirus (Euleptarthrus) japonicu
●10.5〜13.5mm ●本州〜九州・沖縄 ●4〜10月
広葉樹の樹皮下などにいる。

角があるのはオス

ツツハネカクシ亜科
ツノフトツツハネカクシ
Osorius taurus taurus
●8mm前後 ●本州〜九州 ●5〜11月
頭部が大きく角があり、体は円筒形で脚が短い。キクイムシの坑道に侵入し捕食する。

橙色の大きな紋がある

ヒラタハネカクシ亜科
ルイスオオヒラタハネカクシ
Piestoneus lewisii
●5〜6mm ●北海道〜九州 ●4〜10月
樹皮下の生活に適応した扁平な体型。上翅に橙色の紋がある。

オオキバハネカクシ亜科
カタモンオオキバハネカクシ
（カタモンニセオオキバハネカクシ）
Pseudoxyporus humeralis
●10mm前後 ●本州 ●4〜10月
触角、脚、上翅の肩部が黄褐色。

発達した大アゴ。メスの大アゴはやや小さい

オオキバハネカクシ亜科
オオズオオキバハネカクシ
Oxyporus parcus
●10〜13mm ●北海道〜九州 ●4〜10月
大アゴが大きく発達している。似た種がいくつかいる。

腿節の外半が白い

触れると炎症を起こす有毒物質ペデリンを体液に含み潰さなくても分泌するので注意が必要

アリガタハネカクシ亜科
アオバアリガタハネカクシ
Paederus (Heteropaederus) fuscipes
●7mm前後 ●日本全国 ●3〜11月
体液には毒があり皮膚につくと水ぶくれができるため「やけど虫」とも呼ばれる。

アリガタハネカクシ亜科
クロサワオオアリガタハネカクシ
Paederus (Megalopaederus) kurosawai
●14mm前後 ●本州（関東山塊） ●5〜8月
アリガタハネカクシ亜科では大型。徘徊性。

ヒゲブトハネカクシ亜科
モンクロアリノスハネカクシ
Zyras (Zyras) haworthi
●6〜7mm ●本州〜九州 ●4〜10月
アリやシロアリの巣内で見つかることの多いなかま。

●体長 ●分布 ●成虫が見られる時期

ハネカクシ亜科
アカババビロオオハネカクシ
（オオアカバハネカクシ）
Agelosus carinatus carinatus
●19〜21mm ●北海道・本州・四国 ●6〜10月
大型。林中の落ち葉の下にいる。

ハネカクシ亜科
アカバトガリオオズハネカクシ
Platydracus (Platydracus) brevicornis
●16mm前後 ●北海道〜九州 ●4〜10月
上翅が赤く、全身がザラザラして光沢がない。

ハネカクシ亜科
キンボシハネカクシ
（キンボシマルズオオハネカクシ）
Ocypus (Ocypus) weisei
●16〜19mm ●北海道〜九州 ●4〜10月
大型。頭部や上翅などに生えた金色の
毛による紋が美しい。

複眼が大きい

ハネカクシ亜科
アカアシオオメツヤムネハネカクシ
Indoquedius praeditus
●9〜12mm ●北海道・本州・四国 ●5〜10月
山地性。和名通り脚が赤褐色で、複眼が大きい。

ハネカクシ亜科
ズマルハネカクシ
Amichrotus apicipennis
●12〜13mm ●北海道〜九州 ●5〜10月
尾端2節が赤褐色。触角の先端3節が
黄白色。頭部が前胸部より幅広い。

ハネカクシ亜科
ムネビロハネカクシ
Algon grandicollis
●13〜17.5mm ●北海道〜九州 ●3〜11月
やや大型。平地〜山地に普通。

ハネカクシ亜科
サビハネカクシ
Ontholestes gracilis
●13mm前後 ●北海道〜九州 ●6〜8月
全体に黒、褐色、黄色、白色の毛が生え、
雲状の斑紋がある。

ハネカクシ亜科
クロサビイロマルズオオハネカクシ
Ocypus (Pseudocypus) lewisius
●20〜21mm ●北海道〜九州 ●4〜11月
大型。屍肉に集まるシデムシなどと
一緒に見つかることが多い。

瑠璃色の
上翅が鮮やか

触角が鋸歯状

ハネカクシ亜科
ナミクシヒゲツヤムネハネカクシ
Quedius (Microsaurus) dilatatus
●15〜23mm ●北海道〜四国 ●3〜11月
触角が櫛状のクシヒゲハネカクシ属では最大。モンスズ
メバチなどの巣に潜入して食べカスや死がいを食べる。

モンスズメバチ

ハネカクシ亜科
ルリコガシラハネカクシ
Philonthus (Philonthus) caeruleipennis
●12mm前後 ●北海道〜九州 ●7〜10月
瑠璃色の上翅が美しい。
主に山地で見られる。

ハネカクシ亜科
クロガネトガリオオズハネカクシ
Platydracus (Platydracus) inornatus
●20〜23mm ●北海道〜九州 ●5〜9月
ハネカクシとしては大型で、全身が黒く光沢がない。

ハネカクシ亜科
オオドウガネコガシラハネカクシ
Philonthus (Cephalonthus) lewisius
●10mm前後 ●本州〜九州・沖縄 ●4〜12月
上翅に鈍い金属光沢がある。
灯火に飛来する。

ハネカクシ亜科
ハイイロハネカクシ
Eucibdelus (Pareucibdelus) japonicus
●15mm前後 ●本州〜九州 ●4〜8月
俳徊性のハンター。花や樹液など
昆虫が集まる場所で待ち伏せする。

コガネムシ上科

クワガタムシ科、クロツヤムシ科、センチコガネ科、コガネムシ科などを含む、カブトムシ亜目の馴染み深い上科のひとつで、約3万種、日本からは約500種が知られています。普通、触角は10節からなっていて、先端の数節が平らに広がって扇子状になるという特徴があります。主に葉や花、根や腐植質などを食べる食植性ですが、フンや死骸を食べるフンチュウなどもいます。

クワガタムシ①・クロツヤムシ　カブトムシ亜目・コガネムシ上科

触角を大きく広げたコフキコガネ

●体長　●分布　●成虫が見られる時期

クワガタムシ①

クワガタムシ科・ツツクワガタ亜科／マダラクワガタ亜科

オスの発達した大アゴが、兜の飾りの鍬形に似ていることからクワガタムシと名づけられました。中にはマダラクワガタやマグソクワガタのように大アゴが目立たない種類もいますが、これらはクワガタムシ科の中でも祖先種とされています。

内歯は大アゴの中央部に突出する

ツツクワガタ亜科
ミヤマツヤハダクワガタ
Ceruchus lignarius monticola
- ♂13～23mm・♀14～16mm
- 本州（中部・近畿地方） ●7～8月

標高1,000m以上のブナ林に生息する。日中飛翔する姿が観察されている。

ツツクワガタ亜科
ツヤハダクワガタ
Ceruchus lingarius lingarius
- ♂12～22mm・♀11～16mm
- 北海道・本州（東北・関東地方） ●7～8月

ブナ林に生息し、幼虫はブナやミズナラ等の倒木内に見られる。筒状の体型をしており、原始的なクワガタムシと考えられる。

内歯は大アゴの基部よりに突出する

ツツクワガタ亜科
ミナミツヤハダクワガタ
Ceruchus lignarius nodai
- ♂12～20mm・♀12～16mm
- 四国・九州 ●7～8月

標高1,000m以上のブナ林に生息する。体型は他の亜種に比べて太短い。

表は微毛に覆われる
オスの大アゴは上向き

メスの体表の毛はまばら

マダラクワガタ亜科
マダラクワガタ
Aesalus asiaticus asiaticus
- ♂4～7mm・♀4～6mm
- 北海道～九州 ●6～9月

主にブナ帯に生息し、標高1,000m程度の山地に多い。クワガタムシの中では日本最小種。

マダラクワガタ亜科
マグソクワガタ
Nicagus japonicus
- ♂7～8mm・♀8～9mm
- 北海道・本州 ●5～6月

上流域のブナなどの流木が多く打ち上げられた中下流の河川敷に生息する。オスは晴れた日の日中に飛びまわりメスを探す。

大アゴは見えない
オスの体表は黄色の微毛に覆われる

クロツヤムシ

クロツヤムシ科・ツツクロツヤムシ亜科

成虫がペアを組んで朽ち木内で幼虫と同居します。成虫は幼虫に、一旦食べた木くずを吐き戻し、口移しで与えたり、栄養卵（幼虫の餌用の卵）を与えたりします。

ツツクロツヤムシ亜科
ツノクロツヤムシ
Cylindrocaulus patalis
- 14～20mm ●四国・九州 ●通年

四国と九州の、限られた地域のブナ林に生息する。ブナなどの朽ち木の中で見つかる。

光沢が強い
ひょうたん型で厚みがある

成虫はペアを組み、幼虫に餌を与えるなどの養育行動をする

クワガタムシ②

クワガタムシ科・クワガタムシ亜科

オオクワガタ／コクワガタ
アカアシクワガタ／サビクワガタ

里山や雑木林の花形昆虫で、子どもたちの憧れでもあるクワガタムシですが、簡単に捕まえやすいものから、専門家でも姿を見ることさえ難しいものまで様々です。種類によって、生息する環境や集まる場所、好みの樹液などが大きく異なりますので、よく下調べをしてから探しにいきましょう。

大型個体の内歯は斜め前向き　中～小型個体になると横向きになる

クワガタムシ亜科
オオクワガタ
Dorcus hopei binodulosus
- ♂27～77mm・♀25～47mm
- 北海道～九州　5～9月

雑木林やブナ林などに生息。警戒心が強く、樹洞に潜むことが多い。

クワガタムシ亜科
コクワガタ
Dorcus rectus rectus
- ♂17～54mm・♀21～29mm
- 北海道～九州　5～10月

クヌギ、コナラ、ヤナギ、アラカシなど様々な樹液に集まる。

小型個体になると内歯は消失する

上翅には片側6本の点刻列

脚が長い

クワガタムシ亜科
ヤクシマコクワガタ
Dorcus rectus yakushimaensis
- ♂21～50mm・♀21～30mm
- 屋久島・種子島・甑島列島　5～10月

タブノキやアカメガシワなどの樹液に集まる。

前胸背板側縁の後方が強く切れ込む

クワガタムシ亜科
ヒメオオクワガタ
Dorcus montivagus montivagus
- ♂29～58mm・♀26～42mm
- 北海道～九州　6～10月

山地のブナ林に生息し、ヤナギなどの細枝を大アゴで傷つけ樹液をなめる。

体色は本土のコクワガタよりも赤い

内歯は横向き

クワガタムシ亜科
トクノシマコクワガタ
Dorcus amamianus kubotai
- ♂20～38mm・♀20～32mm
- 徳之島　5～10月

オキナワジイ、オキナワウラジロガシなどの樹液に集まる。

大アゴは長く伸びない

クワガタムシ亜科
アマミコクワガタ
Dorcus amamianus amamianus
- ♂20～35mm・♀22～28mm
- 奄美大島・加計呂麻島　5～10月

オキナワジイ、オキナワウラジロガシなどの樹液に集まる。

体長　分布　成虫が見られる時期

クワガタムシ③
ヒラタクワガタ

クワガタムシ科・クワガタムシ亜科

力強い太く頑丈な大アゴをもつヒラタクワガタのなかまは、気性も荒いため気をつけないと大変痛い思いをすることになります。また、オスの大アゴの形や体長が生息する地域によって大きく異なるため、複数の亜種に分けられています。

クワガタムシ④
ノコギリクワガタ

クワガタムシ科・クワガタムシ亜科

ノコギリクワガタという名前は、オスの大アゴの内側に小さな歯が多数並ぶことから名づけられました。小型のオスの大アゴはまさに鋸そのものです。大型のオスの大アゴは強く湾曲し、その形が水牛の角に似ているため、昔は「スイギュウ」と呼ばれたこともありました。

大型個体の大アゴは内側だけでなく下方にも湾曲

中〜小型個体になると、大アゴは平面的・直線的になる

クワガタムシ亜科
ノコギリクワガタ
Prosopocoilus inclinatus inclinatus
●♂25〜77mm・♀25〜41mm
●北海道〜九州 ●5〜10月
完全な夜行性ではなく、日中でも樹液に集まる姿が観察される。オスの大アゴは形状は個体の大きさにより異なる。

クワガタムシ亜科
クロシマノコギリクワガタ
Prosopocoilus inclinatus kuroshimaensis
●♂31〜69mm・♀25〜41mm
●大隅諸島（黒島）●6〜9月
本州のノコギリクワガタよりも大アゴが短く、湾曲が強い。

クワガタムシ亜科
アマミノコギリクワガタ
Prosopocoilus dissimilis dissimilis
●♂26〜79mm・♀28〜40mm
●奄美群島（奄美大島・加計呂麻島・請島・与路島）●6〜9月
大型のオスでは大アゴが強く湾曲する。ミカン類やタブノキの樹液に集まる。

頭楯の先端は二叉する
上翅には片側4本の縦筋

クワガタムシ亜科
ミシマイオウノコギリクワガタ
Prosopocoilus inclinatus mishimaiouensiscus
●♂28〜68mm・♀25〜35mm
●大隅諸島（硫黄島）●6〜9月
クロシマノコギリクワガタによく似るが、大アゴの湾曲が弱い。

体表面には大きな点刻がありつや消し状

●体長 ●分布 ●成虫が見られる時期

クワガタムシ科・クワガタムシ亜科

クワガタムシ⑤
マルバネクワガタ／ミヤマクワガタ

マルバネクワガタは、奄美より南の南西諸島に分布する晩夏から秋にかけて発生するクワガタです。近年個体数が激減し絶滅が心配されている種類も少なくありません。ミヤマクワガタのオス頭部には、他のクワガタにはない冠状の部分があります。これは耳状突起と呼ばれています。

ややツヤのある黒色

オスの頭部と前胸背板はツヤ消し黒

クワガタムシ亜科
オキナワマルバネクワガタ
Neolucanus okinawanus
- ♂42〜70mm・♀40〜55mm
- 沖縄本島・久米島　9〜11月

体色は黒色、大型のオスは大アゴが長く伸びる。地上歩行性が強い。
（国内希少野生動植物種）

オスの大アゴはあまり発達しない

クワガタムシ亜科
アマミマルバネクワガタ
Neolucanus protogenetivus protogenetivus
- ♂44〜65mm・♀42〜52mm
- 奄美大島・加計呂麻島・徳之島　8〜10月

体色は黒色、大アゴはオスでもあまり発達しない。卵から成虫になるまでおよそ3年。幼虫は主にオキナワジイの洞に堆積した腐植土を食べて育つ。日本産マルバネクワガタ類は、野外での後食（成虫になってから餌を食べること）例はほとんどない。

大型のオスは大アゴが発達する

体色は赤褐色

クワガタムシ亜科
ウケジママルバネクワガタ
Neolucanus protogenetivus hamaii
- ♂48〜65mm・♀43〜51mm
- 請島　8〜9月

生息域が非常に狭く、絶滅が危惧されている。
（国内希少野生動植物種）

クワガタムシ亜科
ヤエヤママルバネクワガタ
Neolucanus insulicola insulicola
- ♂34〜69mm・♀38〜57mm
- 石垣島・西表島　10〜12月

体色は赤褐色、大型のオスは大アゴが強大になる。幼虫はオキナワジイのほか、リュウキュウマツの腐植土を食べて育つ。

眼縁突起は左右平行であることが多い

クワガタムシ亜科
チャイロマルバネクワガタ
Neolucanus insularis
- ♂18〜36mm・♀26〜27mm
- 石垣島・西表島　10〜11月

卵から成虫になるまでおよそ2年。昼行性でよく飛翔する。成虫の活動期の後期には、地上歩行する個体が多くなる。

眼縁突起が尖る

体色は茶褐色

クワガタムシ亜科
ヨナグニマルバネクワガタ
Neolucanus insulicola donan
- ♂34〜62mm・♀39〜50mm
- 与那国島　10〜11月

ヤエヤママルバネクワガタよりも眼縁突起が尖る。
（国内希少野生動植物種）

体長　分布　成虫が見られる時期

クワガタムシ⑥

**ネブトクワガタ／チビクワガタ
シカクワガタ／オニクワガタ**

クワガタムシ科・クワガタムシ亜科

幼虫の餌となる朽ち木ですが、朽ち方にも種類があり、クワガタにもそれぞれ好みがあります。マダラクワガタとツヤハダクワガタは褐色腐朽材を、オニクワガタとルイスツノヒョウタンクワガタは白色腐朽材、そしてネブトクワガタはシロアリが朽ち木を食べることで生成される腐植質などを餌として育ちます。

上翅には明瞭な縦筋が入る

背面全体に強い点刻状

クワガタムシ亜科
ネブトクワガタ
Aegus subnitidus subnitidus
- ♂13〜33mm・♀14〜27mm
- 本州〜九州 ● 6〜9月

平地の雑木林のクヌギやモミの樹液に集まる。上翅に明瞭な縦筋がある。大アゴの基部に大きな内歯があり、全体的に短く湾曲する。

前胸背板側縁は鋸歯状

クワガタムシ亜科
チチジマネブトクワガタ
Aegus ogasawarensis chichijimaensis
- ♂13〜24mm・♀13〜20mm
- 小笠原諸島（父島・兄島・弟島）● 6〜8月

オガサワラネブトクワガタの父島亜種。タイプ亜種との形態の差異は軽微。常緑照葉樹林に生息する。

クワガタムシ亜科
オガサワラチビクワガタ
Figulus boninensis boninensis
- 17〜21mm
- 小笠原諸島（父島・兄島・弟島・母島・姉島・妹島・向島）● 通年

広葉樹やリュウキュウマツの朽ち木の中から見つかる。

本土のチビクワガタよりも全体的に幅広い

体色は黒色

クワガタムシ亜科
チビクワガタ
Figulus binodulus
- 9〜16mm ● 本州〜九州 ● 4〜8月

全身黒色で強い光沢があり、外見上雌雄の差異がない。成虫、幼虫ともにサクラ、カシなどの朽ち木の中にすむ。親成虫は幼虫に木くずを与えるといった亜社会性をもつ。

前胸背板側縁前角はなだらかに突出する

クワガタムシ亜科
ナコウドジマチビクワガタ
Figulus boninensis karubei
- 19〜20mm ● 小笠原諸島（媒島）● 通年

オガサワラチビクワガタより体色は黒い。生息域は著しく狭い。

大アゴには上側方に湾曲した内歯を備える

クワガタムシ亜科
ルイスツノヒョウタンクワガタ
Nigidius lewisi
- 12〜19mm ● 本州〜南西諸島 ● 通年

沿岸部の照葉樹林に生息する。幼虫・成虫ともにカシ、シイ類の倒木等の内部に生息する。

センチコガネ科・センチコガネ亜科／ムネアカセンチコガネ亜科　コガネムシ科・マグソコガネ亜科／ダイコクコガネ亜科

フンチュウ

主に哺乳類の新鮮なフンに集まります。その場でフンを食べるものや、地下に穴を掘ってフンを運び込むものなどがいます。動物が消化できない成分を食べて分解するため、生態系の分解者として重要な存在です。強い金属光沢の美麗種や角が特徴的な種類もおり、愛好家も多い甲虫です。

頭部の先が尖らない

頭部の先が尖る

センチコガネ科・センチコガネ亜科
センチコガネ
Phelotrupes (Eogeotrupes) laevistriatus
●12～22mm ●北海道～九州 ●3～12月
金属光沢はオオセンチコガネよりマイルド。獣フンや死骸の他、樹液やキノコにも集まる。平地～山地に普通。

センチコガネ科・センチコガネ亜科
オオセンチコガネ
Phelotrupes (Chromogeotrupes) auratus auratus
●12～23mm ●北海道～九州 ●4～11月
フンチュウの宝石。鏡面に近い強い金属光沢があり、色彩は地域により変異がある。

コガネムシ科・マグソコガネ亜科
クロツツマグソコガネ
Saprosites japonicus
●3～4mm ●北海道～九州・沖縄 ●通年
小型。キクイムシ（→p.138）のような筒型の体型。落ち葉の下や朽ち木の樹皮下で見つかる。

オスの頭部には角がある

上翅の色には変異がある

センチコガネ科・ムネアカセンチコガネ亜科
ムネアカセンチコガネ
Bolbocerodema nigroplagiatum
●9～14mm ●北海道～九州 ●5～11月
可愛らしい外見で人気がある。草原や芝生で見られ、地面に潜るのが得意。アーバスキュラー菌根菌胞子果を食べる。

触角が大きい

頭部前縁中央が湾入し、その両脇に小さな突起がある

薄茶色のマダラ模様

コガネムシ科・マグソコガネ亜科
セマダラマグソコガネ
Aphodius (Chilothorax) nigrotessellatus
●4～6mm ●北海道～九州 ●11～5月
冬に個体数が多く、都市公園や河川敷でもイヌなどのフンに集まる。

コガネムシ科・マグソコガネ亜科
マグソコガネ
Aphodius (Phaeaphodius) rectus
●5～7mm ●北海道～九州 ●通年
河川敷や放牧地の獣フンの下でよく見つかる。上翅が黒褐色で無紋の個体もいる。

コガネムシ科・マグソコガネ亜科
クチキマグソコガネ
Aphodius (Stenotothorax) hibernalis hibernalis
●6～9mm ●北海道～九州 ●通年
針葉樹や広葉樹のウロにすむ。

コガネムシ科・マグソコガネ亜科
ウスイロマグソコガネ
Aphodius (Labarrus) sublimbatus
●3.5～5.5mm ●北海道～九州・沖縄 ●2～11月
平地～山地の草原に生息。灯火によく集まる。

コガネムシ科・マグソコガネ亜科
マキバマグソコガネ
Saprosites japonicus
●4～5.5mm ●北海道～九州 ●ほぼ通年
平地～高山帯まで広く生息。

コガネムシ科・マグソコガネ亜科
コスジマグソコガネ
Aphodius (Pleuraphodius) lewisi
●2.5～4mm ●北海道～九州 ●5～11月
赤褐色～褐色で光沢が弱い。

コガネムシ科・コフキコガネ亜科

コガネムシ①

コフキコガネ類は、脚が細くて卵形～長卵形の体型をしています。黒色や褐色の地味な色彩で夜行性のものが大部分ですが、アシナガコガネのように昼行性で派手な色彩をもつ種類もいます。成虫は、発達した大アゴで植物の葉や花粉などを摂食します。

色彩の変異が多い
後脚がとても長い

上翅の縞模様が特徴的

コフキコガネ亜科
ヒメアシナガコガネ
Ectinohoplia obducta
●6～9mm ●北海道～九州 ●5～8月
クリ・ガマズミ・コバノガマズミなどの花に集まる。

コフキコガネ亜科
コヒゲシマビロウドコガネ
Gastroserica brevicornis
●6～8mm ●本州～九州 ●6～8月
山地性。灯火に集まる。

コフキコガネ亜科
ナガチャコガネ
Heptophylla picea picea
●10～15mm ●北海道～九州 ●6～8月
赤茶色のコガネムシ。幼虫は土中でいろいろな植物の根を食べるので害虫とされている。

前頭に剛毛が生える

艶消しで虹色がかる

コフキコガネ亜科
アカビロウドコガネ
Maladera (Cephaloserica) castanea castanea
●8～10.5mm ●北海道～九州 ●5～8月
赤褐色のビロウドコガネ類では大型で、前頭に剛毛が生える。

コフキコガネ亜科
マルガタビロウドコガネ
Maladera (Aserica) secreta secreta
●9～11.5mm ●本州～九州 ●4～9月
平地～低山地で見られるが、あまり多くない。

黒褐色で艶がない

ビロードのような光沢

コフキコガネ亜科
クロアシナガコガネ
Hoplia (Hoplia) moerens
●6.5～9mm ●本州～九州 ●5～8月
薄黄緑色の鱗片に覆われるが、徐々に剥げ落ちて黒くなる。

コフキコガネ亜科
ヒメビロウドコガネ
Maladera (Omaladera) orientalis
●6.5～9mm ●北海道～九州 ●3～11月
触角が9節しかない。平地～山地に普通。

コフキコガネ亜科
ビロウドコガネ
Maladera japonica
●8～9.5mm ●北海道～九州 ●4～10月
微毛に覆われ、しっとりとした質感がある。各地に普通。

灰白色の細かい毛が密生する

黄土色の細かい毛が密生する

コフキコガネ亜科
オオコフキコガネ
Melolontha (Melolontha) frater
●25～32mm ●本州～九州 ●5～8月
灯火に飛来する。背面は灰白色の微毛で覆われている。

コフキコガネ亜科
コフキコガネ
Melolontha (Melolontha) japonica
●24～32mm ●本州 ●6～8月
灯火に飛来する。背面は黄土色の微毛で覆われている。

コフキコガネ亜科
クリイロコガネ
Miridiba castanea
●18～22mm ●本州～九州 ●5～8月
全身茶褐色で、上翅の表面は隆条がなく滑らか。

コガネムシ科・スジコガネ亜科／テナガコガネ亜科　アツバコガネ科・アツバコガネ亜科／マンマルコガネ亜科

コガネムシ②

スジコガネ類は植物の葉を食べるコガネムシのなかまで、ドウガネブイブイやマメコガネなど農業害虫になるものも含まれます。色彩が非常に多様で、メタリックな光沢をもつものも多くいます。他にも、コガネムシのなかまには驚くような形態をしているものが、数多くいます。

頭部が幅広い
明茶褐色で黄白色の荒い毛が生える

コガネムシ科・スジコガネ亜科
コイチャコガネ
Adoretus tenuimaculatus
●9〜12mm ●北海道〜九州・沖縄 ●5〜8月
市街地でも見られる。

上翅の筋が目立つ

コガネムシ科・スジコガネ亜科
ヒラタアオコガネ
Anomala octiescostata
●9.5〜13mm ●本州〜九州 ●4〜6月
前胸背板の中央に稜線が走り、黄白色の長毛が生える。

全体が黒い個体もいる

コガネムシ科・スジコガネ亜科
セマダラコガネ
Exomala (Exomala) orientalis
●8〜13.5mm ●北海道〜九州 ●5〜8月
様々な植物の葉や花の上に見られる。体色や上翅の模様には変異がある。

色彩の変異がとても多い

コガネムシ科・スジコガネ亜科
サクラコガネ
Anomala daimiana
●15.5〜21mm ●北海道〜九州 ●6〜9月
日本固有種。灯火によく集まる。

コガネムシ科・スジコガネ亜科
ヒメコガネ
Anomala rufocuprea
●12.5〜17.5mm ●北海道〜九州 ●6〜8月
灯火によく来る。

様々な色彩変異がある

コガネムシ科・スジコガネ亜科
アオウスチャコガネ
Phyllopertha intermixta
●8〜12.5mm ●北海道〜九州 ●6〜7月
山地で見られる。

コガネムシ科・スジコガネ亜科
マメコガネ
Popillia japonica
●9〜13mm ●日本全国 ●5〜10月
クズなどのマメ科植物やイタドリの葉、クリなどの葉などに集まる。

腹部のまわりに白い短毛が密生する

コガネムシ科・スジコガネ亜科
チビサクラコガネ
Anomala schoenfeldti
●9〜14mm ●本州・九州 ●5〜8月
シバや各種広葉樹や草の葉を食べる。

色彩には黄褐色〜緑、赤銅色まで変異がある

コガネムシ科・スジコガネ亜科
キスジコガネ
Phyllopertha irregularis
●8〜11mm ●本州〜九州 ●5〜7月
ヒゲブトハナムグリ（→p.58）に似るが、上翅に黄褐色の筋が入る。広葉樹の葉を食べる。

●体長　●分布　●成虫が見られる時期

コガネムシ科・カブトムシ亜科
カブトムシ

> カブトムシという名は、オスが頭や胸にもつ立派な角から来ています。これは、樹液などの餌場やメスをめぐる喧嘩に使われると考えられていますが、角があまり目立たない種類や、まったくないものも少なくありません。カブトムシは英名では"rhinoceros beetle"、サイのような甲虫と呼ばれています。

赤味の強い体色の個体もいる

樹液を舐めに来たカブトムシのオスたち

カブトムシ亜科
カブトムシ
Trypoxylus dichotomus septentrionalis
●32〜53mm ●本州〜九州 ●6〜8月

雑木林を代表する甲虫。オスの頭部にある長い角と前胸背板の形状が、武士の兜を彷彿とさせる。

大型のオスは、長く太い頭角をもつ

小型個体

小型オスの角は短く、先端部の枝分かれが小さい

●体長 ●分布 ●成虫が見られる時期

カブトムシ亜科
オキナワカブトムシ
Trypoxylus dichotomus takarai
●25〜50mm ●沖縄 ●7〜8月
カブトムシの沖縄亜種。やや小柄で、角が短い。メスの上翅に薄い筋が入る。

オスの頭角と胸角は小さめ

カブトムシ亜科
クメジマカブトムシ
Trypoxylus dichotomus inchachina
●25〜48mm ●久米島 ●7〜8月
カブトムシの久米島亜種。沖縄亜種よりもオスの頭角と胸角が発達しない。

カブトムシ亜科
タイワンカブト
Oryctes (Rykanes) rhinoceros
●33〜47mm ●奄美・沖縄・南西諸島 ●通年
外来種で、サトウキビやヤシ、パイナップルの害虫として知られる。黒褐色で、オス、メスともに1本の頭角をもつ。サイカブトとも呼ばれる。

カブトムシ亜科
クロマルカブト
Alissonotum pauperum
●12〜16mm ●沖縄 ●6〜10月
クロマルコガネとも呼ばれる。頭角、胸角ともにないがカブトムシのなかま。灯火に飛来する。

オスは小さい角がある

カブトムシ亜科
コカブト
Eophileurus (Eophileurus) chinensis chinensis
●18〜24mm ●北海道〜九州 ●6〜10月
オスは頭部に小さな角があり、前胸背板がより広く窪む。

カブトムシ亜科
コカブト（沖縄亜種）
Eophileurus (Eophileurus) chinensis okinawanus
●18〜24mm ●沖縄 ●4〜7月
本土のコカブトと比較してやや小型。写真は沖縄亜種。

ヒゲブトハナムグリ科・ヒゲブトハナムグリ亜科　コガネムシ科・ハナムグリ亜科

ハナムグリ

昼行性で、花や樹液、果物などに集まります。上翅を閉じたまま、わずかな隙間から後翅を伸ばして活発に飛行することで、俊敏に飛びまわることが可能です。幼虫は、腐葉土や朽ち木内に生息しており、地表に置くと仰向けになって移動します。

毛深い

赤と黒のマダラ模様

ヒゲブトハナムグリ科・ヒゲブトハナムグリ亜科
ヒゲブトハナムグリ
Amphicoma pectinata
●7〜10mm ●本州・四国 ●5〜7月
オスの触角は大きく発達する。
盛んに飛びまわるのはオス。

コガネムシ科・ハナムグリ亜科
アカマダラハナムグリ
（アカマダラコガネ）
Anthracophora rusticola
●14〜20mm ●本州〜九州 ●5〜8月
幼虫は猛禽類等の大型鳥類の巣の中に入り込み、ヒナの食べ残しを食べて育つ。

コガネムシ科・ハナムグリ亜科
ナミハナムグリ
（ハナムグリ）
Cetonia (Eucetonia) pilifera pilifera
●14〜20mm ●北海道〜九州 ●4〜7月
鮮やかな緑色のやや大きなハナムグリ。
ヒメジョオンなどの花に来る。

黄土色の微毛が生える

脚が長い

模様には変異がある

コガネムシ科・ハナムグリ亜科
チャイロカナブン
Cosmiomorpha (Microcosmiomorpha) similis yonakuniana
●16〜24mm ●八重山諸島（石垣島・西表島） ●5〜8月
写真は、八重山諸島に生息する
チャイロカナブンの与那国亜種。

コガネムシ科・ハナムグリ亜科
アオハナムグリ
Cetonia (Eucetonia) roelofsi roelofsi
●15〜21mm ●北海道〜九州 ●5〜9月
日本固有種。色彩の変異が大きい。

コガネムシ科・ハナムグリ亜科
コアオハナムグリ
Gametis jucunda
●11〜16mm ●北海道〜九州 ●4〜10月
各地で最も普通に見られるハナムグリ。

セイヨウミツバチ

コガネムシ科・ハナムグリ亜科
クロハナムグリ
Glycyphana (Glycyphana) fulvistemma
●11〜14mm ●日本全国 ●4〜8月
全身が黒いハナムグリ。
ミズキ類やキク科植物の花に集まる。

コガネムシ科・ハナムグリ亜科
ヒメトラハナムグリ
Lasiotrichinus succinctus
●9〜12mm ●北海道〜九州 ●5〜8月
ミツバチやマルハナバチのなかまに擬態する。活発に飛びまわるのは
主にオス。

コガネムシ科・ハナムグリ亜科
アオアシナガハナムグリ
Gnorimus subopacus
●17〜22mm ●北海道〜九州 ●7〜8月
山地性の大型種。色彩には変異がある。

黒褐色で扁平な体型

コガネムシ科・ハナムグリ亜科
ヒラタハナムグリ
Nipponovalgus angusticollis angusticollis
●4〜7mm ●北海道〜九州 ●4〜8月
小型のハナムグリ。
ミズキ類などの花に集まる。

ナガフナガタムシ上科

　2科からなるカブトムシ亜目の小さな一群で、約180種が記載されています。日本からはクシヒゲムシ科の3種が知られていますが、生活史などはよく分かっていません。北アメリカの近縁種がセミの幼虫に寄生するので、日本の種類も同様の生活をしているのではないかと考えられています。

樹皮上のクチキクシヒゲムシのオス

クシヒゲムシ科
クシヒゲムシ

触角が短く、ずんぐりした体型の甲虫で、生態は詳しくわかっていません。朽ち木の中などから採集されますが、外国にはセミの幼虫に寄生し、過変態を行うものが知られています。

クシヒゲムシ科
クチキクシヒゲムシ
Sandalus segnis
●10〜21mm ●北海道〜九州 ●4〜7月
細身のコガネムシに見えるが、大アゴが発達している。オスの触角は扇状に大きく発達し、上翅が黒っぽい個体もいる。

メスの触角は小さい

マルハナノミ上科

　マルハナノミ科、マルハナノミダマシ科、タマキノコムシモドキ科からなるカブトムシ亜目の小さな一群で、約1,000種、日本からは約50種が記載されています。マルハナノミ類は、体長が数mm程度の水辺にすむ甲虫ですが、詳しいことはよく分かっていません。

マルハナノミダマシ科　マルハナノミ科・マルハナノミ亜科
マルハナノミ

丸い体型をした小さな甲虫で、後脚が太く発達し跳ねるものもいます。成虫は水辺の葉上などに多く見られます。幼虫は水中にすみ、菌類や藻類などを食べています。

赤い

マルハナノミダマシ科
ツマアカマルハナノミダマシ
Eucinetus haemorrhoidalis
●2.5〜3.5mm ●北海道〜九州 ●7〜9月
小さい。流線型で上翅端が赤い。灯火に飛来する。

ノミハムシ（→p.117）のなかまに似ている

マルハナノミ科・マルハナノミ亜科
トビイロマルハナノミ
Scirtes japonicus
●3〜5mm ●本州〜九州 ●4〜10月
主に水辺に生息し、草の上などに見られる。

●体長　●分布　●成虫が見られる時期

ドロムシ上科

ヒメドロムシ科、チビドロムシ科、ナガハナノミ科、ホソクシヒゲムシ科などからなるカブトムシ亜目の一群で、約1,500種、日本からは約100種が知られています。水中や水辺に生息する小さな楕円形の甲虫で、ヒラタドロムシ科は、その平らな幼虫はまるで硬貨のようなので、"water penny beetle"と呼ばれます。

ドロムシ
チビドロムシ科・ホソチビドロムシ亜科　ヒラタドロムシ科・マルヒラタドロムシ亜科／ヒラタドロムシ亜科

水生の小さな丸い体型の甲虫です。水中の岩などにつかまるために、脚の爪が発達しています。

オオメホソチビドロムシ
Cephalobyrrhinus japonicus
チビドロムシ科・ホソチビドロムシ亜科
● 3〜4mm ● 本州〜九州 ● 7〜8月
渓流や沢筋で見られる。
（複眼が大きい／灰色の模様がある）

マルヒラタドロムシ
Eubrianax ramicornis
ヒラタドロムシ科・マルヒラタドロムシ亜科
● 4〜5mm ● 本州〜九州 ● 4〜8月
水辺に生息し、川だけでなく琵琶湖などの湖にも生息する。全体に黒色で、脚は黄色。
（オスの触角は櫛歯状）

ヒラタドロムシ
Mataeopsephus japonicus
ヒラタドロムシ科・ヒラタドロムシ亜科
● 6〜8mm ● 7〜8月 ● 7〜8月
川辺の石の隙間などで見つかる。灯火によく集まる。
（触角に性差はない）

ナガハナノミ
ナガハナノミ科・ヒゲナガハナノミ亜科

長い触角をもち、川辺や湿った森林などにいます。花や、夜間灯火にも集まります。

クロアシヒゲナガハナノミ
Epilichas atricolor
ヒゲナガハナノミ亜科
● 8〜13mm ● 本州（関東周辺山地）● 6〜8月
幼虫は水中性で、成虫は渓流沿いで見られる。オスの触角は櫛歯状。
（全身が真っ黒）

クリイロヒゲナガハナノミ
Pseudoepilichas niponicus
ヒゲナガハナノミ亜科
● 5〜6mm ● 北海道〜九州 ● 6〜7月
渓流沿いで見られる。
オスの触角は櫛歯状で、メスは鋸歯状。

ヒゲナガハナノミ
Paralichas pectinatus
ヒゲナガハナノミ亜科
● 9〜10mm ● 本州〜九州 ● 5〜7月
林縁の草の葉上で見られる。
触角の櫛歯が長いオスは淡褐色、短いメスは黒褐色。

ホソクシヒゲムシ
ホソクシヒゲムシ科

細長い体型の甲虫で、樹葉や枯れ木に集まります。オス・メスともに触角は櫛状で、オスでは触角はより長くなります。

ムネアカクシヒゲムシ
Simianus niponicus
ホソクシヒゲムシ科
● 12〜17mm ● 本州〜九州 ● 6〜8月
前胸背板は暗赤色で、上翅は暗褐色〜黒色で鈍い光沢がある。
（上翅が赤褐色の個体もいる／メスの触角の櫛歯はオスより短い）

タマムシ上科

タマムシ科からなる光沢のある美しい体色をもった、カブトムシ亜目の一群。約1万5,000種、日本からは200種が知られています。幼虫は生木、枯れ木を食べ、成虫は葉を食べます。上翅の下に後翅を折りたたむことなく収納するので、上翅を開いてすぐに飛び立つことができます。

タマムシ① カブトムシ亜目・タマムシ上科

ケヤキの葉を食べるヤノナミガタチビタマムシ

タマムシ①

タマムシ科・ルリタマムシ亜科／タマムシ亜科

金属光沢をもつ美しい甲虫のなかまです。宝石のように美しいという意味で「玉虫」なのですが、地味目のものも少なくありません。幼虫は衰弱した木や枯れ木の中からみつかり、細長くて前胸だけが大きい特異な形をしています。

タマムシのなかまの美しい色は死んでも色褪せない

ルリタマムシ亜科
タマムシ（ヤマトタマムシ）
Chrysochroa fulgidissima fulgidissima
●25～41mm ●本州～九州 ●6～8月
全身が虹色に輝く美しい甲虫で、夏の昼間、エノキやケヤキ、サクラの樹上を飛び交う。法隆寺が所有する「玉虫厨子」の装飾に使用されたことでも知られる。

黄色い斑紋は凹んでいる

ルリタマムシ亜科
アオマダラタマムシ
Nipponobuprestis (Nipponobuprestis) amabilis
●16～29mm ●本州～九州 ●6～7月
サクラ、ウメ、ツゲ、モチノキなどの枯れ木や衰弱木に集まる。

ルリタマムシ亜科
アオムネスジタマムシ
Chrysodema (Chrysodema) dalmanni
●21～31mm ●奄美・沖縄・南西諸島 ●6～8月
金緑色の美しい大型のタマムシ。

成虫で越冬するため冬に見かけることがある
大きく渋い美しさがある

濃紺の斑紋がたくさんある

ルリタマムシ亜科
クロホシタマムシ
Lamprodila (Palmar) virgata
●9～12mm ●北海道～九州 ●5～8月
濃紺のまだら模様のある美しいタマムシ。ブナ科などの伐採木に集まる。

濃紺の斑紋がまばらにある

ルリタマムシ亜科
マスダクロホシタマムシ
Lamprodila (Palmar) vivata
●6～13mm ●本州～九州 ●5～8月
橙色～赤橙色を帯びた青緑色の金属光沢が美しい小型のタマムシ。スギ、ヒノキの害虫としても知られる。

ルリタマムシ亜科
ウバタマムシ
Chalcophora japonica japonica
●24～40mm ●本州～九州・沖縄 ●5～8月
マツ類の枯れ木に集まる。全身に鈍い銅色の光沢を帯びている。

暗い銅色

凹んだ黄緑色の紋

タマムシ亜科
クロタマムシ
Buprestis (Ancylocheira) haemorrhoidalis japanensis
●11～22mm ●日本全国 ●6～9月
針葉樹の枯れ木に集まる、銅色の光沢のあるタマムシ。

タマムシ亜科
ムツボシタマムシ
Chrysobothris (Chrysobothris) succedanea
●7～12mm ●北海道～九州 ●5～8月
全身に銅色の金属光沢があり、上翅には3対6つの黄緑色の陥没紋がある。

稀に緑色の個体もいる

上翅端がトゲ状

ルリタマムシ亜科
トゲフタオタマムシ
Dicerca tabialis
●12～16mm ●本州（関東以西）～九州
●10～11月、4～5月
秋に羽化し、スギやヒノキの樹皮下で越冬する。オスは中脚脛節にトゲがある。

タマムシ亜科
クロヒメヒラタタマムシ
Anthaxia (Melanthaxia) reticulata
●4～8mm ●北海道・本州 ●5～8月
マツ類の枯れ木や、タンポポなど、日当たりの良い場所にある花に集まる。

タマムシ科・ナガタマムシ亜科
タマムシ②

> タマムシというとアーモンド型の体型を思い浮かべがちですが、ナガタマムシのような細長い小型のものや、チビタマムシのような体長数ミリの極小のものもいます。一見すると地味のように見える種類でも、ルーペなどで拡大してみると、タマムシらしい美しい光沢をもっていることに気づきます。

鈍い銅色で無紋

ナガタマムシ亜科
オオウグイスナガタマムシ
Agrilus asiaticus igai
●6.5〜9mm ●本州〜九州 ●4〜10月
クヌギ、コナラの葉上や伐採木で見られる。

体側縁部は青っぽかったり白っぽかったりする

白紋

ナガタマムシ亜科
クロナガタマムシ
Agrilus cyaneoniger
●10〜16mm ●北海道〜九州 ●5〜8月
全身黒色のタマムシで、前胸には赤銅色などの光沢がある。クヌギやコナラなどの葉や新しい枯れ木に集まる。

ナガタマムシ亜科
ダイミョウナガタマムシ
Agrilus daimio
●4〜6mm ●北海道〜九州 ●5〜7月
上翅に2対のぼんやりとした白紋がある。

菱形の大きな紋

ナガタマムシ亜科
ヒシモンナガタマムシ
Agrilus discalis
●5〜8mm ●本州〜九州 ●4〜6月
春に多く見られる。上翅に大きな菱形の紋がある。

体色は美しいワインレッド

ナガタマムシ亜科
アカバナガタマムシ
Agrilus sinuatus sachalinensis
●8〜12mm ●北海道〜九州 ●7〜9月
山地性で、ナナカマドなどで見つかる。

鋭く尖る
赤っぽい

ナガタマムシ亜科
ケヤキナガタマムシ
Agrilus spinipennis
●8〜11mm ●本州〜九州 ●5〜8月
前胸背板が赤っぽい。ムネアカナガタマムシに似るが、上翅先端が鋭く尖る。

白い微毛

ナガタマムシ亜科
ミドリナカボソタマムシ
Coraebus hastanus oberthueri
●8〜12mm ●奄美・沖縄 ●3〜8月
南方に生息する小型のタマムシ。上翅の中央付近には白い微毛が生えている。

ナガタマムシ亜科
ベニナガタマムシ
Agrilus viduus
●6〜9.5mm ●本州〜九州 ●5〜7月
エノキ、ケヤキなどで見られる。体色は鈍い赤色で、褐色を帯びるものもいる。

●体長　●分布　●成虫が見られる時期

ナガタマムシ亜科
ルイスナカボソタマムシ
Coraebus rusticanus rusticanus
●8〜11mm ●北海道〜九州・伊豆諸島 ●6〜8月
前胸背板は銅色、上翅は黒く、灰白色の波模様がある。山地で見られる。

ナガタマムシ亜科
シロオビナカボソタマムシ
Coraebus quadriundulatus
●5〜9mm ●北海道〜九州 ●5〜9月
金銅色で上翅外半に2本の白い波線がある。山地性。

ナガタマムシ亜科
シラホシナガタマムシ
Agrilus decoloratus
●8〜11mm ●北海道・本州・四国 ●5〜8月
エノキの枯れ木などに集まる。

ナガタマムシ亜科
サシゲチビタマムシ
Trachys robusta
●3.5〜4.5mm ●本州〜九州 ●4〜9月
スダジイの葉を食べる。大型のチビタマムシ類。

ナガタマムシ亜科
クロチビタマムシ
Trachys pseudoscrobiculata
●2.5mm前後 ●本州・九州 ●5〜10月
スミレ類の生える、日当たりのよい草地に生息する。

ナガタマムシ亜科
クズノチビタマムシ
Trachys auricollis
●3〜4mm ●本州〜九州 ●6〜8月
クズの葉上でよく見られるごく小型のチビタマムシ類。頭部と前胸には金色の毛が生えている。

ナガタマムシ亜科
ドウイロチビタマムシ
Trachys cupricolora
●4mm前後 ●本州〜九州 ●4〜6月
ピンクがかった銅色のチビタマムシ類。分布は局所的。

ナガタマムシ亜科
アカガネチビタマムシ
Chrysobothris (Chrysobothris) succedanea
●3mm前後 ●本州〜九州 ●6〜8月
ウツギ類で多く見られる。腹部上面は瑠璃色。

ナガタマムシ亜科
ヤノナミガタチビタマムシ
Chrysobothris (Chrysobothris) succedanea
●3〜4mm ●本州〜九州 ●4〜11月
ケヤキなどの樹皮下で集団越冬する。

コメツキ上科

コメツキムシ科、コメツキダマシ科、ヒゲブトコメツキ科などからなるカブトムシ亜目の一群で、約2万種、日本からは約700種が知られています。前胸を上下に曲げることができ、前胸の下面にある突起が中胸下面の凹みにはまるようになっています。コメツキムシ科は仰向けにされると、自分で飛び跳ねて元に戻ることができます。

クリの花に来たヒゲコメツキのオス

コメツキダマシ科・ミゾナシコメツキダマシ亜科　ヒゲブトコメツキ科　コメツキムシ科・サビキコリ亜科／オオヒゲコメツキ亜科

コメツキムシ①

コメツキムシは脚が短く、細長い扁平な体型をしています。幼虫は茶褐色で細長く、土や朽ち木の中などにすみ、中でも農作物を食害し害虫となるものは「針金虫」と呼ばれています。カマキリに寄生するハリガネムシ（類線形動物門に属する動物）とは全く違います。

念入りに触角の手入れをする

触角は鋸歯状で基節が黄褐色

ヒゲブトコメツキ科
チャイロヒゲブトコメツキ
Trixagus turgidus
●2.5mm前後 ●本州〜九州 ●6〜9月
とても小さい。
触角の先端3節が大きい。
灯火に飛来する。

コメツキダマシ科・ミゾナシコメツキダマシ亜科
ホソナガコメツキダマシ
Isorhipis foveata
●5〜9mm ●北海道〜九州 ●5〜8月
山地の樹上性。オスの触角は長い
櫛歯状、メスは鋸歯状。

コメツキダマシ科・ミゾナシコメツキダマシ亜科
オオナカミゾコメツキダマシ
Rhacopus olexai
●7〜9mm ●北海道〜九州 ●5〜8月
丘陵地〜山地で見られるが少ない。
灯火に飛来する。

褐色で微毛が生えている

●体長　●分布　●成虫が見られる時期

コメツキムシ②

コメツキムシ科・コメツキ亜科／カネコメツキ亜科

触るとすぐに死んだふりをするコメツキムシ。そのまま平らな場所に仰向けにすると、頭部と胸部を起こす反動でパチンと音をたてて跳びはねます。この動きと音が米つきに似ることから、コメツキムシ（米搗虫）と名づけられました。英名"click beetle"もこのユニークな動作と音からきています。

コメツキ亜科
オオカバイロコメツキ
Ectinus dahuricus persimilis
●10〜15mm ●北海道〜四国 ●5〜7月
高山性。少ない。

コメツキ亜科
キバネホソコメツキ
Dolerosomus gracilis
●7〜8mm ●北海道〜九州 ●4〜7月
様々な花に集まる。メスは全体的に黄褐色で、体型は細長い。

オスは頭部と前胸背板が黒い

前胸背板は黒く光沢がある

コメツキ亜科
オオアカコメツキ
Ampedus (Ampedus) optabilis optabilis
●12〜14mm ●北海道〜九州 ●4〜8月
上翅が赤褐色。朽ち木や倒木の樹皮下で見つかる。

オスの体型は細長い

コメツキ亜科
ムネナガカバイロコメツキ
Ectinus hidaensis
●9〜13mm ●本州〜九州 ●4〜8月
山地で見られる。上翅が赤褐色で、前胸背板が長い。

コメツキ亜科
カバイロコメツキ
Ectinus sericeus sericeus
●10mm前後 ●北海道〜九州 ●5〜7月
前胸背板は暗褐色で、上翅は茶褐色。

コメツキ亜科
キマダラコメツキ
Ectinus sericeus sericeus
●7〜8mm ●北海道〜九州 ●7〜8月
山地性。前胸背板後角と上翅に黄白色の紋がある。

コメツキ亜科
メスアカキマダラコメツキ
Gamepenthes versipellis
●6〜8mm ●北海道〜九州 ●7〜8月
山地性。オスの前胸背板は黒い。

後翅の翅脈の走り方は種によって異なる

コメツキ亜科
クロツヤクシコメツキ
Melanotus (Melanotus) annosus
●12〜18mm ●北海道〜九州 ●4〜8月
各地で普通。灯火によく飛来する。

コメツキ亜科
ムネアカクロコメツキ
Ischnodes sanguinicollis maiko
●9〜10mm ●北海道〜九州 ●4〜8月
前胸背板のみ赤褐色。分布は局所的。

黄褐色の微毛が生える

コメツキ亜科
オオナガコメツキ
Orthostethus sieboldi sieboldi
●23〜30mm ●北海道〜九州・沖縄 ●7〜9月
大きい。クヌギやコナラの樹液に集まる。

コメツキ亜科
アカアシオオクシコメツキ
Melanotus (Spheniscosomus) cete cete
●15〜19mm ●本州〜九州・沖縄 ●5〜8月
雑木林にすみ、灯火にも飛来する。全身が黒褐色で黄褐色の微毛が生える。前胸背板の中央部に浅い縦溝がある。

●体長　●分布　●成虫が見られる時期

鈍い銅色の金属光沢があり毛が生える

カネコメツキ亜科
ムネダカシモフリコメツキ
Ampedus (Ampedus) optabilis optabilis
●13～15mm ●本州 ●5～6月
高地の湿地に局所的に分布。珍しい。

頭部と前胸部にも荒い毛が生える

カネコメツキ亜科
オオシモフリコメツキ
Dolerosomus gracilis
●17～21mm ●北海道～九州 ●5～8月
大型。灰色の毛による不規則な模様がある。

カネコメツキ亜科
シモフリコメツキ
Ectinus dahuricus persimilis
●13.5mm前後 ●北海道～九州 ●4～8月
オオシモフリコメツキに似るが小さい。

カネコメツキ亜科
ニホンベニコメツキ
Denticollis nipponensis nipponensis
●9～15mm ●北海道～九州 ●5～8月
体内に毒をもつベニボタルのなかま(→p.70)に擬態している。オスの触角は櫛歯が長い。

カネコメツキ亜科
クロツヤハダコメツキ
Hemicrepidius (Hemicrepidius) secessus secessus
●12～18mm ●北海道～九州 ●4～8月
各地で普通。
灯火によく飛来する。

カネコメツキ亜科
ダイミョウヒラタコメツキ
Anostirus daimio
●10～13mm ●北海道～九州 ●4～8月
山地性。橙褐色の上翅に2対の大きな黒紋がある。オスの触角は櫛歯状、メスは鋸歯状。

カネコメツキ亜科
メスグロベニコメツキ
Denticollis versicolor
●18～22mm ●北海道?・本州(中部以北) ●6～8月
山地で見られる。メスは黒っぽい。

触角と脚部が赤褐色

カネコメツキ亜科
アカヒゲヒラタコメツキ
Neopristilophus serrifer
●13～23mm ●本州～九州 ●4～7月
各地に普通。灯火に集まる。メスはオスより著しく大きい。

カネコメツキ亜科
ミヤマヒサゴコメツキ
Homotechnes motschulskyi tachikawai
●7～13mm ●本州・四国 ●5～6月
本州と四国の山地～高山帯に点々と分布。飛翔能力がなく、62もの亜種に分けられている。

触角が太い

カネコメツキ亜科
キンムネヒメカネコメツキ
Limonius ignicollis
●7～8mm ●北海道～九州 ●4～8月
頭部と前胸部が赤銅色の美しいコメツキ。自然度の高い森林に生息。

模様に見える部分は毛がない

前胸が細い

カネコメツキ亜科
チャイロツヤハダコメツキ
Scutellathous comes
●12～14mm ●北海道～九州 ●7～8月
ブナ帯で見られる。少ない。

カネコメツキ亜科
シリブトヒラタコメツキ
Selatosomus (Selatosomus) puerilis
●5～10mm ●本州～九州 ●4～8月
山地性。上翅後方が太い。

カネコメツキ亜科
オオツヤハダコメツキ
Stenagostus umbratilis
●15～23mm ●北海道～九州 ●7～8月
大型。上翅に微毛による暗褐色の紋がある。

69

ホタル上科

ホタル科、オオメボタル科、ベニボタル科、ホタルモドキ科、ジョウカイボン科からなるカブトムシ亜目の一群。約2万種、日本からは約200種が知られています。ゲンジボタルやヘイケボタルなど、馴染みのあるホタルが含まれるホタル科、暗赤色の上翅が後方に向かって幅広いベニボタル科、幼虫・成虫ともに昆虫を捕食する"soldier beetle"と呼ばれるジョウカイボン科などが含まれます。これらは上翅が柔らかいので、軟鞘類と総称されることがあります。

ベニボタル科・ベニボタル亜科／ヒシベニボタル亜科
ベニボタル

ホタルとは近縁で形態も似ていますが、昼行性で発光器官をもっていません。触角が大きく発達し、名前のとおり上翅が赤いものが大多数を占めています。幼虫は朽ち木や樹皮下などにいますが、何を食べているかはっきりわかっていません。

ベニボタル亜科
ベニボタル
Lycostomus (Lycostomus) modestus
●8.5〜14.5mm ●北海道〜九州 ●5〜7月
体内に毒素をもち、アカハネムシ(→p.99)やベニコメツキ(→p.69)ははこれのなかまに擬態しているという。幼虫は朽ち木内の昆虫を捕食する。

ベニボタル亜科
カクムネベニボタル
Ponyalis quadricollis
●8〜12mm ●本州〜九州 ●6〜10月
山地性。前胸背板は前方にやや狭まる四角形。メスの触角は鋸歯状。

ベニボタル亜科
オオクシヒゲベニボタル
Macrolycus (Cerceros) excellens
●11〜19mm ●本州〜九州 ●5〜7月
山地性。触角が櫛歯状のオスより、鋸歯状のメスの方が大きい。

ベニボタル亜科
ムネクロテングベニボタル
Platycis consobrinus
●6mm前後 ●本州〜九州 ●4〜6月
小型。上翅は茶褐色。触角に性差はない。

ベニボタル亜科
フトベニボタル
Lycostomus (Lycostomus) semiellipticus semiellipticus
●8〜17mm ●北海道〜九州 ●6〜8月
山地性。上翅の紅色は不鮮明。頭部が極端に小さく、口器が細く突出する。触角に性差はない。

ぼんやりと赤い

ベニボタル亜科
カタアカハナボタル
Pseudoaplatopterus (Eropterus) nothus
●7mm前後 ●本州〜九州 ●8〜9月
上翅の肩付近が赤い。

ベニボタル亜科
クロハナボタル
Plateros coracinus coracinus
●7〜8mm ●北海道〜九州 ●5〜7月
全身が真っ黒。

ヒシベニボタル亜科
アカミスジヒシベニボタル
Laterialis (Laterialis) oculatus
●5.5〜7.5mm ●本州〜九州 ●4〜5月
春の山地で見られるが少ない。

ヒシベニボタル亜科
ミスジヒシベニボタル
Benibotarus (Benibotaru) spinicoxis
●4〜8mm ●北海道〜九州 ●5〜6月
前胸背板中央にひし形の隆起、上翅に3本の隆起線がある。

ヒシベニボタル亜科
クロバヒシベニボタル
Dictyoptera elegans
●7〜11mm ●本州(関東〜関西) ●7〜8月
色分けが多くのベニボタルと逆。

●体長　●分布　●成虫が見られる時期

ジョウカイボン科・ジョウカイボン亜科／チビジョウカイ亜科／コバネジョウカイ亜科

ジョウカイボン

細長い体に糸状の長い触角をもった体の柔らかい甲虫で、成虫、幼虫ともに小型昆虫などを捕食します。名前は高熱で死んだ浄海坊（平清盛）に由来していて、触れると火傷のような炎症を起こすカミキリモドキ類（→p.98）と間違えられて名づけられたようです。

ジョウカイボン亜科
クロジョウカイ
Lycocerus attristatus
- 13〜17mm
- 本州（東北地方〜中国地方） 5〜8月

樹葉や花の上で見られる。体は黒色で、頭部と前胸背板には光沢がある。

色彩の変異が大きい

ジョウカイボン亜科
クビボソジョウカイ
Hatchiana heydeni
- 9〜13mm 本州〜九州 5〜7月

林縁の植物上で見られる。前胸背板の幅は長さの約1.5倍。

全体に細身で華奢な印象

ジョウカイボン亜科
ウスイロニンフジョウカイ
（ウスイロクビボソジョウカイ）
Asiopodabrus (Asiopodabrus) temporalis
- 9mm前後 本州（東北南部〜関東） 4〜7月

頭部と前胸背板にそれぞれ1対の黒紋がある。よく似た種が多数存在する。

ジョウカイボン亜科
ウスチャジョウカイ
Lycocerus insulsus insulsus
- 10〜11mm 本州 3〜7月

頭部は黒、前胸背板は赤、上翅は黄褐色。早春から見られる。

ジョウカイボン亜科
ミヤマクビアカジョウカイ
Lycocerus nakanei
- 9〜14.5mm 北海道〜九州 4〜7月

山地で見られる。黒色で前胸背板の縁は赤い。

ジョウカイボンのなかまは甲虫なのに身体も上翅も柔らかい

ジョウカイボン亜科
ジョウカイボン
Lycocerus suturellus suturellus
- 14〜18mm 北海道〜九州 4〜8月

樹葉や花の上で見られる。体は黒色で、前胸背板の縁、上翅、脚などは褐色になるが変異が大きい。

小さめの黒紋

ジョウカイボン亜科
セボシジョウカイ
Lycocerus vitellinus
- 9〜11mm 北海道〜九州 5〜8月

黄褐色で前胸背板中央に黒紋がある。

ジョウカイボン亜科
マルムネジョウカイ
Prothemus ciusianus
- 9〜11mm 本州〜九州 4〜7月

林縁の植物上などで見られる。丸みがある前胸背板には、中央に黒紋がある。

ジョウカイボン亜科
ヒガシマルムネジョウカイ
Prothemus reinii
- 10〜14mm 本州（中部以東） 5〜8月

岐阜県関ヶ原以西に分布するマルムネジョウカイに酷似する。

ジョウカイボン亜科
ムネアカフトジョウカイ
Cantharis (Cyrtomoptila) curtata
●8mm前後●北海道・本州・四国●4〜7月
太短い体型でジョウカイボンらしくない。開けた草地にいる。
黒色で前胸背板のみ褐色。

ジョウカイボン亜科
ホッカイジョウカイ
Cantharis (Cyrtomoptila) plagiata
●6〜9mm●北海道〜九州●5〜7月
北海とつくが広く各地に分布する。

上翅後端が薄茶色

ジョウカイボン亜科
キンイロジョウカイ
Themus (Themus) episcopalis
●20〜24mm●本州〜九州●5〜7月
前胸背板の両端に黄色い帯がある。上翅は光沢のある紫色ないし緑藍色だが、後端だけが薄茶色となる。

色と形がフタコブルリハナカミキリ(→p.103)に似ている

ジョウカイボン亜科
クリイロジョウカイ
Stenothemus badius
●6.5〜10mm●北海道〜九州●6〜8月
やや小型。上翅は暗褐色。

ジョウカイボン亜科
セスジジョウカイ
Lycocerus magunius
●11mm前後●本州●4〜5月
春に見られる。上翅の中央と両脇に黒い帯模様がある。

ジョウカイボン亜科
アオジョウカイ
Themus (Themus) cyanipennis
●14〜20mm●北海道・本州・四国●4〜8月
樹葉や草の上で見られる。上翅は暗緑藍色。前胸背板の側縁が黄色い。

チビジョウカイ亜科
クロツマキジョウカイ
Malthinus (Malthinus) japonicus
●3.5〜5mm●北海道〜九州●5〜7月
小型。上翅がやや短く、先端が黄色い。

上翅後端が薄茶色にならない

ハチのように身軽に飛び色もハチにそっくり

ジョウカイボン亜科
ヒメキンイロジョウカイ
Themus (Themus) midas
●18mm前後●本州〜九州●4〜7月
頭部と前胸部が大きめでがっしりした体型。

コバネジョウカイ亜科
キベリコバネジョウカイ
Trypherus (Trypherus) niponicus
●5〜8mm●北海道〜九州●5〜7月
上翅が小さく黄色に縁取られる。後翅はハネカクシ類(→p.34)のように上翅に格納されず露出している。

カツオブシムシ上科

カツオブシムシ科、マキムシモドキ科、ヒメトゲムシ科、ホソマメムシ科からなるカブトムシ亜目の一群で、約1,100種、日本からは50種ほどが知られています。体長1〜5mmの小さな甲虫で、カツオブシムシ科は乾物、穀物を食べ、ヒメトゲムシ科は樹液や樹皮下にみられます。マキムシモドキ科は、カブトムシ亜目の原始形質を最も多くもつ一群といわれています。

カツオブシムシ科・カツオブシムシ亜科／ケカツオブシムシ亜科／ヒメカツオブシムシ亜科／マダラカツオブシムシ亜科

カツオブシムシ

卵形をした小形の甲虫で、成虫は花などにも集まります。幼虫の体には毛が生えていて、乾燥した動物質を餌としています。鰹節などの乾燥食品も食べますが、毛織物や絹織物、羽毛、皮革などの衣類や、博物館の生物標本の大害虫として知られています。

紅色の模様は死ぬと色褪せてしまう

カツオブシムシ亜科
アカオビカツオブシムシ
Dermestes (Dermestinus) vorax
● 7〜8mm ● 北海道〜本州 ● 5〜9月
上翅に紅色の大きな模様のある大型種。干物や毛織物なども食べ、室内でも見つかる。

前胸背板後角が角張る

カツオブシムシ亜科
カドムネカツオブシムシ
Dermestes (Dermestinus) coarctatus
● 8mm前後 ● 北海道〜九州 ● 4〜10月
大型。後胸〜腹部が白い。

前胸背板後角が角張らない

カツオブシムシ亜科
ハラジロカツオブシムシ
Dermestes (Dermestinus) maculatus
● 9〜10mm ● 本州〜九州・沖縄 ● 通年
全世界に広く分布する動物性乾燥食品の害虫。腹面は白色毛で覆われている。

ケカツオブシムシ亜科
チビケカツオブシムシ
Trinodes rufescens
● 2〜2.5mm ● 北海道〜九州 ● 4〜5月
小型。黒褐色で毛深い。成虫は花に集まる。

ヒメカツオブシムシ亜科
ヒメカツオブシムシ
Attagenus (Attagenus) unicolor japonicus
● 3.5〜5.5mm ● 北海道〜九州 ● 5〜6月
成虫は花に集まる。

成虫は花に集まる

マダラカツオブシムシ亜科
ヒメマルカツオブシムシ
Anthrenus (Nathrenus) verbasci
● 2.5mm前後 ● 日本全国 ● 3〜5月
幼虫は動物質の繊維や角質を食べるため、衣類や昆虫標本の世界的な害虫となっている。

メスの触角の末端節は球形

マダラカツオブシムシ亜科
カマキリタマゴカツオブシムシ
Thaumaglossa rufocapillata
● 3〜4mm ● 本州〜九州 ● 6〜10月
幼虫は特異な食性をもつが、成虫の生態はよくわかっていない。
成虫はオオカマキリの卵鞘に産卵。幼虫は卵を食べ尽くし、翌年の初夏頃羽化する

マダラカツオブシムシ亜科
アメリカマダラカツオブシムシ
Trogoderma sternale
● 2.5mm前後 ● 本州・四国 ● 6〜8月
北アメリカからの外来種。

ナガシンクイムシ上科

ナガシンクイムシ上科は、シバンムシ科、ヒョウホンムシ科、ナガシンクイムシ科からなるカブトムシ亜目の一群で、約3,000種、日本からは約80種が知られています。乾物、穀物や木材などを餌とし、しばしば大きな食害を引き起こします。体長数mmほどの甲虫ですが、ナガシンクイムシには数cmになるものもいます。

ヒョウホンムシ科・ヒョウホンムシ亜科／シバンムシ亜科／キノコシバンムシ亜科

ヒョウホンムシ

乾燥した動植物質を食べ、家屋害虫とされるものが多いなかまです。

細長い体型　ヒョウタン型の可愛い体型

ヒョウホンムシ亜科
カバイロヒョウホンムシ
Pseudeurostus hilleri
● 2〜3mm ● 北海道・本州 ● 通年？
後翅が退化して飛べない。イヌやネコの乾いたフンに集まる。煮干しなども食べる。

シバンムシ亜科
ジンサンシバンムシ
Stegobium paniceum
● 3mm前後 ● 北海道〜九州・沖縄 ● 4〜10月
「ジンサン」は人参から。薬用人参に発生することから。室内で見つかることが多いが、枯れ木などにもいる。

丸い体型

ヒョウホンムシ亜科
ナガヒョウホンムシ
Ptinus (Cyphoderes) japonicus
● 5mm前後 ● 北海道〜九州 ● 通年
室内で見つかることがある。メスは丸い体型。

シバンムシ亜科
ケブカシバンムシ
Nicobium castaneum
● 3.5〜6mm ● 本州〜九州 ● 6〜8月
古い神社などで見つかる。夜行性。

キノコシバンムシ亜科
オオホコリタケシバンムシ
Caenocara tsuchiguri
● 2〜2.5mm ● 北海道〜九州 ● 5〜9月
林内の道端や土の崖に生えるツチグリに集まる。灯火にも飛来する。

● 体長　● 分布　● 成虫が見られる時期

カッコウムシ上科

コクヌスト科、カッコウムシ科、ジョウカイモドキ科などからなるカブトムシ亜目の一群で、約1万種、日本からは約100種が知られています。カッコウムシ科にはしばしば黒地に赤や淡褐色の美しい模様があり、枯死木にすんで他の昆虫の幼虫などを捕食します。コクヌスト科は米穀などを食害しますが、他の害虫を餌とすることもあります。

コクヌスト科・マルコクヌスト亜科／コクヌスト亜科

コクヌスト

米穀類の害虫なので「穀盗人」と呼ばれます。他の害虫を捕食することもあります。

ケシキスイのなかまに似ている

マルコクヌスト亜科
ハロルドヒメコクヌスト
Ancyrona haroldi
● 4～5mm ● 北海道～九州 ● 5～10月
ケヤキなどの樹皮下で越冬する。

マルコクヌスト亜科
セダカコクヌスト
Thymalus parviceps
● 4～6mm ● 北海道～九州 ● 7～9月
山地性。銀色の光沢があり、毛に覆われる。

ヒョウタンゴミムシ類と触角の形が違う

コクヌスト亜科
オオコクヌスト
Temnoscheila japonica
● 10～19mm
● 本州～九州・沖縄 ● 3～11月
ヒョウタンゴミムシ、あるいはクワガタ（→p.18）の♀を細身にしたような甲虫。肉食性でマツノマダラカミキリ（→p.110）などの天敵。

コクヌスト亜科
オオマダラコクヌスト
Kolibacia tibialis
● 13～14mm
● 北海道～九州 ● 4～10月
山地性。ゴマダラコクヌストに似るが、上翅の鱗片は黄色っぽく、腹部は黒い。

カッコウムシ科・ホソカッコウムシ亜科／カッコウムシ亜科／ホシカムシ亜科

カッコウムシ

朽ち木や花、キノコなどに集まり、他の昆虫を捕食します。乾燥性動物質を食べるものもいます。

頭部・前胸部が黒い

ホソカッコウムシ亜科
イガラシカッコウムシ
Tillus igarashii
● 10mm前後 ● 北海道～九州 ● 6～8月
朽ち木の木材から見つかる。灯火にも飛来する。

カッコウムシ亜科
キオビナガカッコウムシ
Opilo mollis
● 9～13mm ● 本州～九州・沖縄 ● 5～11月
上翅の模様の濃淡には個体差がある。ムナグロナガカッコウムシに酷似する。

カッコウムシ亜科
アリモドキカッコウムシ
Thanasimus lewisi
● 7～10mm ● 北海道～九州 ● 3～11月
捕食性。植物食のアカネカミキリ（→p.105）に配色と大きさがそっくり。

青緑の金属光沢

ホシカムシ亜科
アカアシホシカムシ
Necrobia rufipes
● 4～5mm ● 本州～九州・沖縄 ● 6～9月
生物由来の乾燥調味料や、ペット用のドライフードなどに発生する。

カッコウムシ亜科
ムナグロナガカッコウムシ
Opilo niponicus
● 7～11mm ● 北海道～九州 ● 6～8月
キオビナガカッコウムシより全体に斑紋が不明瞭となる傾向がある。

上翅に隠れた腹部も同じ色分け

ホシカムシ亜科
ツマグロツツカッコウムシ
Tenerus hilleri
● 6～12.5mm ● 本州～九州・沖縄 ● 6～8月
橙褐色で頭部と尾部が黒い。体長の個体差が大きい。

ジョウカイモドキ科・ジョウカイモドキ亜科

ジョウカイモドキ

やわらかい体の甲虫で、成虫は花や葉の上で見られます。幼虫は肉食です。

ジョウカイモドキ亜科
キアシオビジョウカイモドキ
Intybia pellegrini pellegrini
● 3～4mm ● 本州 ● 5～7月
各種の花に集まる。脚と触角基部3節は黄褐色。似た種がいくつか存在する。

オスの触角は変わった形

ヒラタムシ上科

ヒラタムシ科、ケイシキスイ科、オオキノコムシ科などのキノコムシ類、テントウムシ科、テントウムシダマシ科、ミジンムシ科、ヒメマキムシ科などの20以上の科を含む、たいへん多様なカブトムシ亜目の一群です。約1万5,000種、日本からは700種が知られています。

オオキノコムシ科・ヒラタコメツキモドキ亜科／コメツキモドキ亜科

コメツキモドキ

コメツキムシ（→p.66-69）に似ていますが、コメツキムシのように跳ねることはありません。成虫は主に草の上や枯れ葉、枯れ枝などにみられ、幼虫はタケやトウモロコシなどの様々な植物やシダ類などの茎に穴をあけて食い入ります。

瑠璃色の金属光沢
橙褐色

コメツキモドキ亜科
キムネヒメコメツキモドキ
Anadastus atriceps
●3.5～5mm ●本州～九州 ●5～10月
ススキなどイネ科植物で見られる。

黒褐色の個体が多い

ヒラタコメツキモドキ亜科
ヒラタコメツキモドキ
Cathartocryptus hiranoi
●2～3mm ●本州・九州・沖縄 ●3～12月
とても小さい。通常は黒褐色だが、たまに黄褐色の個体が出る。

上翅後端が黒い

コメツキモドキ亜科
ツマグロヒメコメツキモドキ
Anadastus praeustus
●6.5～8.5mm ●本州～九州 ●4～9月
ススキなどの葉で見られる。オスの触角の先端は太い。

小さいが目立つ色分け

コメツキモドキ亜科
オビヒメコメツキモドキ
Anadastus pulchelloides
●5.5mm前後 ●本州 ●5～10月
平地のトダシバに生息。上翅の基部と先端が青みがかった黒色で、頭部、前胸、上翅中央、脚が橙黄色。

コメツキモドキ亜科
クロアシコメツキモドキ
Languriomorpha nigritarsis
●8～11mm ●北海道～九州 ●4～9月
銅色の強い金属光沢がある。

コメツキモドキ亜科
ニホンホホビロコメツキモドキ
Doubledaya bucculenta
●8～19mm ●本州～九州 ●4～10月
メダケに集まり茎の中に産卵する。メスの頭部は左右非対称で、左側の大アゴが著しく発達する。

大アゴが左右非対称でメスは左のアゴが大きく張り出す
脚部跗節は大きく発達し特にメスは幅広い
メスの頭部正面

●体長　●分布　●成虫が見られる時期

オオキノコムシ

オオキノコムシ科・オオキノコムシ亜科

楕円形もしくは卵型の体型をした光沢のある甲虫で、赤や橙色の鮮やかな斑紋をもつものが多くいます。キノコ類を餌としており、幼虫もキノコか、キノコがついた枯れ木にすみます。特定のキノコだけに集まる種類も多くいます。

ハの字状の赤い帯

オオキノコムシ亜科
カタモンオオキノコ
Aulacochilus japonicus
●5.5〜7mm ●本州〜九州 ●4〜9月
山地性。黒く強い光沢がある。カワラタケなどの菌類で見られる。

オオキノコムシ亜科
ルリオオキノコ
Aulacochilus sibiricus bedeli
●5〜8mm
●北海道〜九州・沖縄 ●4〜11月
瑠璃色の金属光沢がある。

オオキノコムシのなかまでは飛び抜けて大きい。触ると甘い香りを出す

オオキノコムシ亜科
オオキノコムシ
Encaustes cruenta praenobilis
●16〜36mm ●北海道〜九州 ●5〜9月
サルノコシカケに集まる。

オオキノコムシ亜科
ヒメオビオオキノコ
Episcapha (Episcapha) fortunei fortunei
●9〜13mm ●本州〜九州 ●4〜10月
各地に普通。このような模様は科をまたいで見られる。

オオキノコムシ亜科
カタボシエグリオオキノコ
Megalodacne bellula
●13〜18mm ●北海道〜九州 ●5〜8月
枯れ木のカワラタケなどに集まる。

黄橙色の前胸背板に4つの黒点がある

オオキノコムシ亜科
ヨツボシオオキノコ
Eutriplax tuberculifrons
●4.5〜8.5mm ●北海道〜九州 ●6〜10月
主に山地で見られ、ヒラタケなどの菌類にいる。

黒紋が2対

オオキノコムシ亜科
トウキョウムネビロオオキノコ
Microsternus tokioensis
●3.5〜5mm ●本州〜九州 ●5〜8月
小さいが美しい。ミイロムネビロオオキノコに似るが、上翅基部付近の黒紋は同種が外側のみの1対、本種は2対。

オオキノコムシ亜科
クロハバビロオオキノコ
Neotriplax atrata
●5〜7.5mm ●北海道〜九州 ●5〜10月
山地に普通。全身真っ黒で光沢がある。

触角と脚部は黒い

オオキノコムシ亜科
アカハバビロオオキノコ
Neotriplax lewisii
●4〜6.5mm ●本州〜九州 ●5〜11月
赤くて光沢があり可愛い。各地に普通。

ルリオオキノコに似るがより細い体型

オオキノコムシ亜科
クロヒラタオオキノコ
Renania atrocyanea
●5〜6.5mm ●北海道〜四国 ●4〜11月
クロと付くが瑠璃色の金属光沢がある。あまり多くない。

ホソヒラタムシ

ホソヒラタムシ科・ホソヒラタムシ亜科／セマルヒラタムシ亜科

枯れた木や草、樹皮の下などにすむ細長い体をした微小な甲虫です。食品害虫になるものもいます。

とても扁平な身体／触角が長い

ノコギリヒラタムシ (ホソヒラタムシ亜科)
Oryzaephilus surinamensis
●3mm前後 ●日本全国 ●通年
前胸部にノコギリ状の突起がある。菓子類や穀粉などの害虫として知られる。

ヒメヒラタムシ (セマルヒラタムシ亜科)
Uleiota arbora
●5.5〜6.5mm
●北海道〜九州 ●4〜11月
山地の各種の枯れ木や倒木の樹皮下で見つかる。

ミツカドホソヒラタムシ (ホソヒラタムシ亜科)
Silvanoprus grouvellei
●2〜3mm
●本州〜九州・小笠原・沖縄 ●5〜10月
とても小さい。前胸背板が前方に大きく広がり尖る。灯火に飛来する。

黒い

フタトゲホソヒラタムシ (ホソヒラタムシ亜科)
Silvanus bidentatus
●2.5〜3.5mm
●北海道〜九州 ●4〜11月
小さい。マツ類の朽ち木の樹皮下で見られる。外来種。

ニセミツモンセマルヒラタムシ (セマルヒラタムシ亜科)
Psammoecus triguttatus
●3mm前後 ●本州〜九州・沖縄 ●4〜10月
小さい。ミツモンセマルヒラタムシに似るが、本種は上翅末端が黒い。

黒くない

ミツモンセマルヒラタムシ (セマルヒラタムシ亜科)
Psammoecus trimaculatus
●2〜3mm ●北海道〜九州・沖縄 ●4〜10月
小さい。ニセミツモンセマルヒラタムシに似るが、上翅端が黒くない。模様がほとんど消える個体もいる。

ヒラタムシ

ヒラタムシ科

成虫・幼虫ともに樹皮下にすみ、他の昆虫などを捕食します。

頭部の張り出しが弱い／光沢がない

エゾベニヒラタムシ (ヒラタムシ科)
Cucujus opacus
●10〜17mm ●北海道〜九州 ●4〜11月
ベニヒラタムシに似るが上翅に光沢がなく、頭部の左右の張り出しが弱い。

U字状に生える尾角

頭部の張り出しが強い

ベニヒラタムシ (ヒラタムシ科)
Cucujus coccinatus
●10〜15mm ●北海道〜九州 ●4〜11月
体はとても扁平で厚さ2mm程度。幼虫も扁平で朽ち木の樹皮下で生活する。

V字状に生える尾角

光沢がある

ルリヒラタムシ (ヒラタムシ科)
Cucujus mniszechi
●20〜27mm ●北海道〜九州 ●5〜8月
大きく、瑠璃色の上翅が美しい。ブナ帯以上のブナやミズナラの倒木で見つかる。

チビヒラタムシ

チビヒラタムシ科・チビヒラタムシ亜科

樹皮下にすむ平たい体型の微小な甲虫です。貯蔵穀物などの食品害虫になるものもいます。

上翅に大きな橙色の紋がある

キボシチビヒラタムシ (チビヒラタムシ亜科)
Laemophloeus submonilis
●3〜5mm ●北海道〜九州 ●4〜10月
コナラなどの枯れ木の樹皮下にいる。オスはメスより頭部の幅が広く、触角も長い。

ルイスチビヒラタムシ (チビヒラタムシ亜科)
Notolaemus lewisi
●2〜4mm ●本州〜九州・伊豆諸島 ●4〜11月
とても小さい。広葉樹の伐採木などで見つかる。

カドムネチビヒラタムシ (チビヒラタムシ亜科)
Placonotus testaceus
●1.5〜2.5mm
●北海道〜九州・沖縄・小笠原 ●4〜11月
とても小さい。枯れ木の樹皮下にいる。

●体長 ●分布 ●成虫が見られる時期

キスイモドキ科・キスイモドキ亜科
キスイモドキ

イチゴ類の花で育つものが多くいます。

ムクゲキスイ科
ムクゲキスイ

枯れ木の樹皮下などに生息しています。

オオキスイムシ科
オオキスイムシ

樹液などに、よく集まります。

キスイモドキ亜科
キスイモドキ
Byturus affinis
●5mm前後 ●北海道〜九州 ●4〜5月
春に花で見られる。

キスイモドキ亜科
ツノブトホタルモドキ
Xerasia variegata
●4.5〜5.5mm ●本州〜九州 ●2〜4月 光沢のある赤褐色〜淡褐色で、淡黄色〜灰白色の微毛で覆われている。

ムクゲキスイ科
アカグロムクゲキスイ
Biphyllus lewisi
●2〜2.5mm ●北海道〜九州 ●4〜11月
とても小さい。上翅中央に暗色部がある。

前胸背板に凸凹が少ない
上翅の点刻パターンは単純

オオキスイムシ科
ミドリオオキスイ
Neohelota cereopuncutata
●8〜9mm ●北海道・本州・九州 ●6〜8月
主に山地に生息し、樹液に集まる。体は黒色で緑銅色〜銅色の光沢を帯びる。

オオキスイムシ科
ヨツボシオオキスイ
Helota gemmata
●11〜15mm ●本州〜九州 ●6〜8月
コナラやクヌギの樹液に来る。2対の黄褐色の紋と彫金細工を思わせる美しい点刻が格好いい。

オオキスイムシ科
ムナビロオオキスイ
Helota fulviventris
●13〜14mm ●本州〜九州 ●4〜10月
山地性。ヨツボシオオキスイより紫色が強く、上翅の点刻パターンも異なる。

ムキヒゲホソカタムシ科・ムキヒゲホソカタムシ亜科
ムキヒゲホソカタムシ

触角の基部が頭部からむき出しなので、「ムキヒゲ」と名づけられました。

深くて広い条溝

ムキヒゲホソカタムシ亜科
サビマダラオオホソカタムシ
Dastarcus longulus
●6〜11mm ●本州〜九州・沖縄 ●7〜9月
ホソカタムシでは日本最大。マツノマダラカミキリ（→p.110）など樹木に寄生するカミキリムシの天敵。

ミジンムシダマシ科・ミジンムシダマシ亜科
ミジンムシ科・ミジンムシ亜科
ミジンムシ

刈り草や落ち葉の中などにいます。

前胸背板前縁中央が頭部に沿って湾入する

前胸背板前縁中央が湾入しない
腹部後端がはみ出す

ミジンムシダマシ科・ミジンムシダマシ亜科
クロミジンムシダマシ
Aphanocephalus hemisphericus
●2〜3mm ●本州〜九州 ●5〜10月
小さく光沢がある。倒木などの下面で見つかる。

ミジンムシ科・ミジンムシ亜科
ベニモンツヤミジンムシ
Clypastraea polita
●1〜2mm ●北海道〜九州 ●4〜11月
とても小さい。上翅中ほどに赤っぽい横帯がある。

ヒメマキムシ科・ヒメマキムシ亜科
ヒメマキムシ

枯れ木に多く、主に菌類を食べています。家屋内に発生するものがいます。

前胸背板の形が種によって異なるが同定は簡単ではない
前胸背板が前方に向かって太くなる

ヒメマキムシ亜科
ヒメマキムシ
Stephostethus chinensis
●1〜2mm ●北海道・本州 ●4〜10月
枯れ木に集まり、キノコ類を食べる。とても小さい。

ヒメマキムシ亜科
ヒトスジヒメマキムシ
Stephostethus pandellei
●2mm前後 ●北海道〜九州 ●5〜10月
とても小さい。ケヤキなどの樹皮下で越冬する。

ケシキスイ科・ヒラタケシキスイ亜科／デオケシキスイ亜科／コゲチャマルケシキスイ亜科／ケシキスイ亜科／オニケシキスイ亜科

ケシキスイ

樹液や果物、菌類、花、朽ち木などに生息し、捕食性のものや貯蔵害虫となるものもいます。体長5mm以下の微小種が多く、それらが植物に集まることから「芥子木吸」と名づけられたとされています。

ヒラタケシキスイ亜科
モンチビヒラタケシキスイ
Epuraea (Haptoncus) ocularis
●2.5mm前後 ●本州〜九州・沖縄 ●6〜8月
とても小さい。上翅に2対の暗色紋があるが、薄い個体もいる。灯火に飛来する。

ハネカクシのように腹部が露出している

デオケシキスイ亜科
クロハナケシキスイ
Carpophilus Carpophilus chalybeus
●3〜4mm ●北海道〜九州・沖縄 ●4〜10月
上翅が短い。アザミなどの花に集まる。

いつも樹液に浸かっている

コゲチャマルケシキスイ亜科
ホソコゲチャセマルケシキスイ
Amphicrossus hisamatsui
●6mm前後 ●北海道・本州 ●6〜8月
クヌギやコナラの樹液に集まる。

樹液に濡れると上翅会合線両側に、橙色のぼんやりした帯模様が見える

コゲチャマルケシキスイ亜科
ナガコゲチャケシキスイ
Amphicrossus lewisi
●4.5〜6.5mm ●本州〜九州 ●5〜8月
クヌギやコナラの樹液に集まる。

短く荒い毛が生える

ケシキスイ亜科
アミモンヒラタケシキスイ
Physoronia (Pocadiodes) hilleri
●4mm前後 ●北海道〜九州 ●5〜9月
枯れ木に生える菌類や樹液で見つかる。上翅にやや不鮮明な市松模様がある。

黒くて平たい

ケシキスイ亜科
クロヒラタケシキスイ
Ipidia (Ipidia) variolosa variolosa
●4〜5mm ●北海道〜九州 ●4〜10月
広葉樹の枯れ木に生えるキクラゲ類やフサタケ類に集まる。

クヌギの樹液に集まるナガコゲチャケシキスイ、ホソコゲチャセマルケシキスイ、モンチビヒラタケシキスイなど

ここの紋が目立つ

ケシキスイ亜科
アカマダラケシキスイ
Phenolia (Lasiodites) picta
●7〜9mm ●本州〜九州・沖縄 ●6〜8月
やや大型。灯火に飛来する。
幼虫はモモやアンズの実に潜入する。
よく似たニセアカマダラケシキスイは、中脚脛節端部付近が大きく曲がる。

アカマダラケシキスイより小さく色が明るい

ケシキスイ亜科
ヒメアカマダラケシキスイ
Phenolia (Lasiodites) sadanarii
●5〜6mm ●本州〜九州 ●6〜9月
雑木林の落ち葉の下にいる。灯火に飛来する。

●体長　●分布　●成虫が見られる時期

クワの実にきたクロモンムクゲケシキスイ

ぼんやりした黒褐色の紋

クロモンムクゲケシキスイに似るが
上翅の橙褐色の部分が広い

ケシキスイ亜科
クロモンムクゲケシキスイ
Aethina (Aethina) flavicollis
- 3～4mm ● 北海道～九州 ● 4～6月

熟す前のクワの実などで見つかる。幼虫はクワの実に潜入する。

ケシキスイ亜科
クロモンカクケシキスイ
Pocadius nobilis
- 4mm前後 ● 本州～九州 ● 5～10月

林中に生えるノウタケやホコリタケに集まる。

クロキマダラケシキスイと
一緒に見つかることが多い

地色は黒い

ケシキスイ亜科
オオキマダラケシキスイ
Soronia fracta
- 10mm前後 ● 北海道～九州 ● 6～10月

大型。オスの前脚脛節はやや曲がり鉈状に広がる。樹液に集まる。

ケシキスイ亜科
クロキマダラケシキスイ
Soronia lewisi
- 4～6mm ● 北海道～九州 ● 6～11月

オオキマダラケシキスイを小さくした感じ。初冬まで樹液で見つかる。

ヨツボシケシキスイと違い、
大アゴの大きさに性差がほとんどない

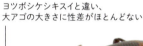

橙色～赤い紋が目立つ。
共通の模様をもつ種がオオキノコムシ類（→p.77）やシデムシ類（→p.33）、ゴミムシ類（→p.26-27）やゴミムシダマシ類（→p.92-93）などにもいるが理由はよくわかっていない

オニケシキスイ亜科
コヨツボシケシキスイ
Glischrochilus (Librodor) ipsoides
- 5～7mm ● 北海道～九州 ● 5～10月

ヨツボシケシキスイより小さくずんぐりしている。樹液よりもコナラなどの伐採木でよく見つかる。

オニケシキスイ亜科
ルイスコオニケシキスイ
Cryptarcha lewisi
- 3.5mm前後 ● 本州～九州 ● 6～10月

小さい。光沢があり、上翅に黄白色の紋がある。

オスの大アゴは大きい

飛び立つヨツボシケシキスイ

オニケシキスイ亜科
ヨツボシケシキスイ
Glischrochilus (Librodor) japonius
- 7～14mm ● 北海道～九州 ● 6～9月

クヌギやコナラの樹液に大抵いる普通種。オスは大アゴが大きい。幼虫は樹液に集まる他の昆虫の幼虫も食べる。

テントウムシ科・テントウムシ亜科（テントウムシ族）
テントウムシ①

脚と触角が短く、半球形に近い体型をしています。鮮やかな体色で派手な模様のものが多く、これは警戒色と考えられています。漢字では「天道虫」と書き、太陽に向かって飛ぶ習性から名づけられました。アブラムシなどの害虫を食べる天敵として、人間に有益なものも多く知られています。

初めて見ると大きいのでびっくりする

テントウムシ亜科（テントウムシ族）
カメノコテントウ
Aiolocaria hexaspilota
- 8〜13mm ●北海道〜九州 ●4〜11月

日本最大のテントウムシ。低地〜森林限界付近まで広く生息。

テントウムシ亜科（テントウムシ族）
フタモンテントウ
Adalia (Adalia) bipunctata
- 4〜5.5mm
- 本州（大阪・兵庫） ●3〜11月

外来種で1993年に大阪で発見された。トウカエデ、シャリンバイ、クヌギにつくアブラムシを捕食する。

黒紋がない個体、白い輪がない個体もいる

テントウムシ亜科（テントウムシ族）
ウンモンテントウ
Anatis halonis
- 6.5〜8.5mm ●北海道〜九州 ●4〜9月

山地に見られ灯火にも飛んでくる。黄褐色の上翅に白色で囲まれた黒紋がある。

テントウムシ亜科（テントウムシ族）
シロジュウシホシテントウ
Calvia quatuordecimguttata
- 4.4〜6mm ●北海道〜九州 ●5〜7月

黄褐色に黄白色の紋がある基本型、黒地に黄白色の紋がある暗色型、赤地に黒紋の紅型の概ね3型がある。

テントウムシ亜科（テントウムシ族）
ムーアシロホシテントウ
Calvia muiri
- 4〜5mm ●本州〜九州 ●3〜11月

前胸背板の白紋は4つ。

テントウムシ亜科（テントウムシ族）
シロトホシテントウ
Calvia decemguttata
- 4.5〜6mm ●北海道〜九州 ●4〜10月

やや山地性。黄褐色の上翅に白紋が並ぶ。模様には変異があり、白紋が消失するものもいる。

テントウムシ亜科（テントウムシ族）
シロジュウゴホシテントウ
Calvia quindecimguttata
- 5mm前後 ●本州〜九州 ●3〜11月

あまり多くない。白紋が前胸背板に5、上翅に10あるが、前胸背板後縁中央の白紋は消失することがある。

テントウムシ亜科（テントウムシ族）
ハラグロオオテントウ
Callicaria superba
- 11〜12mm ●本州〜九州 ●5〜6月

クワで見られる大型種。オレンジ色の上翅に小さな黒紋が並ぶ。

テントウムシ亜科（テントウムシ族）
アイヌテントウ
Coccinella (Coccinella) ainu
- 4〜5.5mm ●北海道・本州 ●4〜10月

河川敷などにいる。ナナホシテントウを小さくしたようなテントウムシで、赤色の上翅に11の黒点がある。

紋が繋がった異常型

テントウムシ亜科（テントウムシ族）
ナナホシテントウ
Coccinella (Coccinella) septempunctata
- 5〜8.5mm ●日本全国 ●3〜11月

草原や畑などでよく見られる。赤色の上翅に7つの黒点がある。

成虫で越冬し真冬でも暖かい日は動きまわる

テントウムシ亜科（テントウムシ族）
ナミテントウ
Harmonia axyridis
- 4.5〜8mm ●日本全国 ●3〜11月

ナナホシテントウと並び、最も身近なテントウムシ。模様には様々なパターンがあり、100種類以上ある。

●体長　●分布　●成虫が見られる時期

テントウムシ亜科（テントウムシ族）
マクガタテントウ
Coccinula crotchi
●3～4mm ●北海道・本州・四国 ●5～11月
河川敷に多い。黒色の上翅の前と後ろに各1対の橙色紋がある。

上翅が真っ黄色で紋がない

テントウムシ亜科（テントウムシ族）
キイロテントウ
Kiiro koebelei koebelei
●3.5～5mm ●本州～九州・沖縄 ●4～10月
広葉樹林などで見られる。黄色の上翅は無紋で、前胸は白色で1対の黒点がある。

テントウムシ亜科（テントウムシ族）
ダンダラテントウ
Menochilus sexmaculata
●4～7mm ●本州～九州・沖縄 ●3～11月
広葉樹林などで見られる。様々な斑紋がありナミテントウと混同されることがあるが、触角の形状で区別できる。

テントウムシ亜科（テントウムシ族）
ウスキホシテントウ
Oenopia hirayamai
●3～4mm ●北海道～九州 ●3～11月
小さいがはっきりとした模様で目立つ。

テントウムシ亜科（テントウムシ族）
クモガタテントウ
Psyllobora (Psyllobora) vigintimaculata
●2～3mm ●本州・九州 ●4～10月
エノキ、セイタカアワダチソウなどで見られる。北米原産の外来昆虫で1984年に東京で発見された。

よく似たコカメノコテントウというのもいる

テントウムシ亜科（テントウムシ族）
ムネアカオオクロテントウ
Synona consanguinea
●6～8mm ●本州（関東・関西） ●5～12月
クズの葉上で見られる。2015年に初めて記録された外来種で、分布をひろげている。

テントウムシ亜科（テントウムシ族）
ヒメカメノコテントウ
Propylea japonica
●3～4.5mm ●日本全国 ●3～11月
林縁や草地で普通。上翅の斑紋変異は多様で、全体がほぼ黒くなるものもいる。

テントウムシ亜科（テントウムシ族）
ハイイロテントウ
Olla v-nigrum
●4.5～6mm ●沖縄 ●通年
1987年に沖縄本島で発見された外来種。淡黄色を帯びた灰色の上翅に黒紋が並ぶ。

テントウムシダマシ科・オオテントウダマシ亜科／テントウダマシ亜科／ムクゲテントウダマシ亜科

テントウムシダマシ

成虫、幼虫ともに菌類を食べるものが多く、キノコや朽ち木や枯れ木などに集まります。紛らわしいですが、食植性で害虫となるニジュウヤホシテントウ（→p.84）なども、テントウムシダマシと呼ばれることがあるので注意が必要です。

テントウダマシ亜科
ルリテントウダマシ
Endomychus gorhami
●4～5mm ●北海道～九州 ●4～11月
瑠璃色で一見ハムシ（→p.114）に似る。マツ類などの伐採木でよく見つかる。

オオテントウダマシ亜科
ヨツボシテントウダマシ
Ancylopus pictus asiaticus
●4.5～5mm ●北海道～九州・沖縄 ●4～11月
林縁や畑地などで普通に見られる。

オオテントウダマシ亜科
キボシテントウダマシ
Mycetina amabilis
●4～5mm ●北海道～九州 ●4～10月
光沢のある黒で、上翅に2対の赤い紋がある。

ムクゲテントウダマシ亜科
キイロテントウダマシ
Saula japonica
●3～4mm ●北海道～九州 ●5～9月
体色はやや光沢のある黄赤色で、脚と触角は黒い。

83

テントウムシ科・テントウムシ亜科（クチビルテントウ族 マダラテントウ族 ベダリアテントウ族 アミダテントウ族 ヨツボシテントウ族 メツブテントウ族 ヒメテントウ族 アラメテントウ族）

テントウムシ②

テントウムシは模様だけでなく、その食性も多様です。アブラムシやカイガラムシを食べる肉食性のもの、ナス科植物などを食べる草食性のもの、うどんこ病菌などを食べる菌食性のものの3種類に大きく分けられます。

1対のやや小さい赤紋がある

赤紋の輪郭はぼやけている

テントウムシ亜科（クチビルテントウ族）
ヒメアカホシテントウ
Chilocorus kuwanae
●3〜5mm ●北海道〜九州 ●3〜10月
カイガラムシ類を食べる。体高が高く、ヘルメットのようなフォルム。

テントウムシ亜科（クチビルテントウ族）
アカホシテントウ
Chilocorus rubidus
●6〜7mm ●北海道〜九州 ●4〜10月
クリ、ウメ、クヌギなどにつきカイガラムシを捕食する。光沢のある黒色の上翅には、1対の大きな赤い斑紋がある。

テントウムシ亜科（クチビルテントウ族）
ミカドテントウ
Phaenochilus mikado
●4mm前後
●本州（関西以西）〜九州 ●4〜10月
イチイガシにつく。光沢のある黒色の上翅で、無紋。冬季にイチイガシの葉裏で集団越冬する。

紋が拡大や融合する個体もいる

幼虫で越冬し樹幹などでじっとしている

上翅端が外方に張り出す／黒紋が融合する

テントウムシ亜科（マダラテントウ族）
トホシテントウ
Diekeana admirabilis
●5.5〜7.5mm ●北海道〜九州 ●5〜9月
林縁の葉上などで見られ、カラスウリなどの葉を食べる。橙色の上翅に10の黒紋がある。

テントウムシ亜科（マダラテントウ族）
ジュウニマダラテントウ
Henosepilachna boisduvali
●7.5〜8mm ●沖縄列島 ●3〜11月
頭胸部、上翅ともに橙色で、6対12の黒紋がある。

テントウムシ亜科（マダラテントウ族）
ヤマトアザミテントウ
Henosepilachna niponica
●5.5〜8.5mm ●北海道・本州 ●6〜9月
アザミの他にジャガイモなどのナス科植物も食べる。上翅は黄赤褐色で多数の黒紋があり、会合部の黒紋は融合している。

黒紋が融合しない

黒紋が融合しない

黒紋が融合する／上翅端の張り出しはほとんどない

テントウムシ亜科（マダラテントウ族）
オオニジュウヤホシテントウ
Henosepilachna vigintioctomaculata
●6.5〜8mm ●北海道〜九州 ●4〜9月
黄赤褐色の上翅に28の黒斑がある。後腿節は黄褐色で、黒斑がある。

テントウムシ亜科（マダラテントウ族）
ニジュウヤホシテントウ
Henosepilachna vigintioctopunctata
●5〜7mm ●本州〜九州・沖縄 ●4〜10月
黄赤褐色の上翅に28の黒紋があるが、変異が大きい。後腿節は黄褐色で、黒斑はない。

テントウムシ亜科（マダラテントウ族）
ルイヨウマダラテントウ
Henosepilachna yasutomii
●6.5〜7mm ●北海道・本州 ●4〜7月
ヤマトアザミテントウ、エゾアザミテントウに似る。

無紋／カラフルで綺麗

テントウムシ亜科（ベダリアテントウ族）
ベダリアテントウ
Rodolia cardinalis
●3〜4mm ●本州〜九州・沖縄 ●4〜10月
柑橘類の大害虫であるイセリアカイガラムシの天敵として知られ、1911年に台湾から導入された。

テントウムシ亜科（ベダリアテントウ族）
アカイロテントウ
Rodolia concolor
●3.5〜5.5mm ●本州〜九州 ●5〜10月
赤褐色〜褐色で微毛に覆われる。

テントウムシ亜科（アミダテントウ族）
アミダテントウ
Amida tricolor tricolor
●4mm前後 ●本州〜九州・沖縄 ●4〜10月
赤褐色の上翅に、3対6個の黒斑があり黄色紋もある。

上翅の会合部が赤くない、よく似たアカヘリテントウというのもいる

ヨツボシテントウに似るが黒紋が大きい

テントウムシ亜科（ヨツボシテントウ族）
ベニヘリテントウ
Rodolia limbata
●4〜5.5mm ●北海道〜九州 ●3〜7月
上翅の周囲が赤く縁取られる。幼虫は成虫同様に食料であるオオワラジカイガラムシのメスに似ており、警戒させずに近づいて捕食する。

テントウムシ亜科（ヨツボシテントウ族）
ヨツボシテントウ
Phymatosternus lewisii
●3〜4mm ●本州〜九州 ●5〜8月
朱色の上翅に、2対4つの黒斑がある。ケヤキの樹皮下などで越冬する。

テントウムシ亜科（ヨツボシテントウ族）
モンクチビルテントウ
Phymatosternus maculosus
●3.5mm前後 ●本州・九州・沖縄 ●4〜11月
南方系の外来種。微毛に覆われる。

紋がもう少し前側にある個体もいる

後ろの紋がない個体もいる

テントウムシ亜科（メツブテントウ族）
ムツボシテントウ
Sticholotis punctata
●2mm前後 ●本州〜九州 ●5〜10月
とても小さい。ケヤキなどの樹皮下で越冬するが、活動中の姿はなかなか見られない。

テントウムシ亜科（ヒメテントウ族）
アトホシヒメテントウ
Nephus (Nephus) phosphorus
●2mm前後 ●北海道〜九州 ●2〜11月
とても小さい。黒く微毛に覆われ、後方に1対の赤紋がある。

テントウムシ亜科（ヒメテントウ族）
ヨツモンヒメテントウ
Nephus (Nephus) yotsumon
●2mm前後 ●本州〜九州 ●2〜11月
とても小さい。黒に2対の赤紋がある。

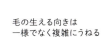
毛の生える向きは一様でなく複雑にうねる

ハート型の黄色い紋

メスの頭部は黒い

テントウムシ亜科（ヒメテントウ族）
オニヒメテントウ
Scymnus (Pullus) giganteus
●3〜3.5mm ●本州〜九州 ●4〜11月
無紋の黒褐色で、短毛に覆われる。ヒメテントウの中では大型。

テントウムシ亜科（ヒメテントウ族）
オオツカヒメテントウ
Pseudoscymnus ohtsukai
●1.5mm前後 ●本州・九州 ●4〜10月
イチイガシの葉裏で越冬する。黒色の上翅の後方にハート形の黄色紋がある。

テントウムシ亜科（ヒメテントウ族）
コクロヒメテントウ
Scymnus (Pullus) posticalis
●2〜3mm ●北海道〜九州 ●5〜10月
黒色の上翅は無紋で、灰白色の微毛が密生する。上翅後縁は橙色で弧状に張り出す。

テントウムシ亜科（ヒメテントウ族）
ハダニクロヒメテントウ
Stethorus (Stethorus) pusillus
●1mm ●北海道〜九州 ●3〜11月
とても小さい。黒く無紋で、灰白色の毛が生える。脚と触角は黄褐色。ハダニの天敵。

テントウムシ亜科（アラメテントウ族）
ツマアカオオヒメテントウ
Cryptolaemus montrouzieri montrouzieri
●3mm前後 ●本州 ●不明
オーストラリア原産の外来種。カイガラムシ防除のために導入されたものが定着したと考えられている。

ゴミムシダマシ上科

ゴミムシダマシ科、ハムシダマシ科、クビナガムシ科、ツチハンミョウ科、カミキリモドキ科、アカハネムシ科、アリモドキ科、ハナノミ科、オオハナノミ科など約20科からなる多様なカブトムシ亜目の一群で、約2万5,000種、日本からは約400種が知られています。

ナガクチキムシ／ハナノミ　カブトムシ亜目・ゴミムシダマシ上科

スエヒロタケを食べるヒメナガニジゴミムシダマシ

●体長　●分布　●成虫が見られる時期

ナガクチキムシ

ナガクチキムシ科・ナガクチキムシ亜科

森に生息する細長い体をした甲虫で、枯れ木や倒木、キノコなどに集まります。幼虫も、枯れ木や菌類などを食べて成長します。

やや金属光沢がある

オオキノコムシ類（→p.77）などに共通の模様

黄褐色が目立つ

ナガクチキムシ亜科
ボウズナガクチキ
Bonzicus hypocrita
●10～17mm ●北海道・本州・四国 ●6～8月
ブナなどの朽ち木に集まる。鈍い光沢の黒色で、腿節の先端と脛節の基部は黄褐色。

ナガクチキムシ亜科
フタオビホソナガクチキ
Dircaea erotyloides
●8.5～13.5mm ●北海道～九州 ●5～7月
山地に生息し、成虫は枯れ木や倒木で見られる。

ナガクチキムシ亜科
ミゾバネナガクチキ
Melandrya (Melandrya) modesta
●14mm前後 ●北海道～九州 ●6～9月
山地性。脚が赤い個体もいる。敏捷でよく飛ぶ。

他に似た種がいくつかいる

ナガクチキムシ亜科
アカオビニセハナノミ
Orchesia (Clinocara) imitans
●4～5mm
●北海道～九州・伊豆諸島・沖縄 ●4～11月
山地性。危険を感じると跳ねる。

流線型

ナガクチキムシ亜科
カバイロニセハナノミ
Orchesia (Orchesia) ocularis
●4～6.5mm ●北海道～九州・石垣島 ●5～10月
全身が栗色で細長い流線型。よく跳ねる。

体型・脚ともに細長い

ナガクチキムシ亜科
キイロホソナガクチキ
Serropalpus barbatus
●8.5～18mm ●北海道～九州 ●6～10月
コメツキムシ（→p.66-69）に似た細長い体型で脚と触角が長い。大きさにかなり個体差がある。

ハナノミ

ハナノミ科・ハナノミ亜科

「花蚤」という名前は、花に集まり、後脚が発達してノミのようにピョンピョン飛びまわることから名づけられました。幼虫は朽ち木や草の茎などに潜り込んで成長します。

頭部と前胸の接合部が取れそうなほど細い

ハナノミのなかまは尾端が細く突き出す

大きな複眼

ハナノミ亜科
クロハナノミ
Mordella brachyura brachyura
●5～6.5mm
●北海道・本州・四国 ●4～10月
全身真っ黒のハナノミは他にも数種おり、特にコクロハナノミと酷似する。

ハナノミ亜科
シズオカヒメハナノミ
Glipostenoda shizuokana
●8mm前後 ●本州～九州 ●6～8月?
珍しくはないが何故か情報が少ない。全身栗色で複眼が特に大きい。

白いまだら模様

ハナノミ亜科
オオシラホシハナノミ
Hoshihananomia pirika
●10～12mm ●北海道～九州 ●6～8月
シラホシハナノミ（6～8mm）によく似るが一回り大きい。

ハナノミ亜科
クリイロヒゲハナノミ
Macrotomoxia castanea
●8～16.5mm ●本州～九州・沖縄 ●5～9月
大型で全身が栗色。ハナノミのなかまは静止時は上から見て頭部が胸部に隠れる。

*ハナノミ亜科の体長は、突出する尾節板を除いた大きさ

アトコブゴミムシダマシ科・ホソカタムシ亜科／コブゴミムシダマシ亜科

アトコブゴミムシダマシ

幼虫・成虫ともに枯れ木の中や樹皮の下などにすみ、光沢のない細長い体や平たい体をしています。体長数mmの小型のものが多数ですが、中にはアトコブゴミムシダマシのような特異な形態をした大型種もいます。

ここまで細長い甲虫は珍しい

ホソカタムシ亜科
ルイスホソカタムシ
Gempylodes ornamentalis
●7〜11mm ●本州〜九州 ●4〜10月
細長い体でキクイムシ（→p.138）の坑道に入り込み捕食する。

薄い体で柔らかい

ホソカタムシ亜科
ツヤケシヒメホソカタムシ
Microprius opacus
●2〜3.5mm ●本州〜九州 ●4〜12月
小さい。朽ち木の樹皮下で集団で越冬する。

体表の分泌物に覆われ模様が見えないこともある

小さな突起が密に並んでいる虫めがねで見ると面白い。

この種に限らずホソカタムシのなかまはゆっくりと優雅に歩く

ホソカタムシ亜科
ヨコモンヒメヒラタホソカタムシ
Synchita bitomoides
●2〜2.5mm ●本州・九州・沖縄 ●3〜11月
小さい。上翅にサイコロの目の5のような配置のぼんやりした紋がある。

ホソカタムシ亜科
マダラホソカタムシ
Trachypholis variegata
●3〜6mm ●北海道〜九州 ●4〜9月
山地性。細かい突起で密に被われ、黒地に小さな白紋が点在する。

コブゴミムシダマシ亜科
ツヤナガヒラタホソカタムシ
Pycnomerus vilis
●3〜4mm ●北海道〜九州・沖縄 ●4〜11月
紫赤褐色で光沢がある。やや古い切り株の樹皮下で見つかるが、腐敗の進んだ切り株にはいない。

触ると擬死をして、長時間動かない

羽化したては明るい黄褐色だがだんだん黒ずんでくる

コブゴミムシダマシ亜科
アトコブゴミムシダマシ
Phellopsis suberea
●14〜21mm ●本州〜九州 ●7〜9月
奇妙な形の大型種。自然度の高い森林に局所的に分布し、少ない。灯火に来る。

正面から見ると笑ったように見える

ハムシダマシ

ゴミムシダマシ科・ハムシダマシ亜科

細長い体をした甲虫で、一見するとハムシ（p116-117）に似ていますが、分類的にはゴミムシダマシに近縁です。成虫は山地の花や葉にいるものや、枯れ枝や石の下にいるものなど様々です。幼虫は朽ち木の中などで成長します。

ハムシダマシ亜科
アカイロアオハムシダマシ（アカハムシダマシ）
Arthromacra sumptuosa
●8.5～11.5mm ●本州～九州 ●5～8月
山地に多い。
赤紫、茶、青などの金属光沢がある。

フラッシュ撮影すると見た目の色と違って写る

ハムシダマシ亜科
ナミアオハムシダマシ（アオハムシダマシ）
Arthromacra viridissima
●8～11.5mm ●本州～九州 ●5～8月
低山地～ブナ帯に普通。緑金色の個体が多い。オスの触角末端節はメスより長い。

ハムシダマシ亜科
チュウブオオアオハムシダマシ
Arthromacra majuscula
●9～13.5mm ●本州（関東・中部山地）●6～8月
関東、中部の亜高山帯以上で見つかるアオハムシダマシはほとんどが本種。緑金色が美しい。

触角末端節が長い

ハムシダマシ亜科
ハムシダマシ（オオメキバネハムシダマシ）
Lagria (Lagria) rufipennis
●5～10mm ●北海道～九州 ●5～10月
雑木林の林縁の葉上でよく見つかる。オスは複眼がメスより大きく、触角末端節が長い。

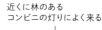

ハムシダマシ亜科
ツヤナガハムシダマシ
Macrolagria hirsuta
●8～12mm ●北海道・本州・四国 ●5～7月
ブナ帯上部～高山帯に見られる。

前胸背板前角の角張りが弱い

近くに林のあるコンビニの灯りによく来る

ハムシダマシ亜科
ヒゲブトゴミムシダマシ（ヒゲブトハムシダマシ）
Luprops orientalis
●8～10mm ●北海道～九州・沖縄 ●ほぼ通年
やや扁平な身体は細かい点刻に密に覆われる。灯火によく集まる。

ハムシダマシ亜科
フジナガハムシダマシ
Macrolagria rufobrunnea
●8～14mm ●本州～九州 ●4～8月
樹上性。黒褐色～黄褐色まで変異がある。

前胸背板前角の角張りが強く側方に突出する

ゴミムシダマシ科・ゴミムシダマシ亜科

ゴミムシダマシ①

ゴミムシダマシのなかまは、形態、色彩、生態ともに著しく多様な一群で、体長も2mmより小さいものから80mmのものまでいます。森にすみ、朽ち木や菌類に集まるものが大部分ですが、地表性の種類もいます。

オスの上翅後端は強く突出する

オスの頭部に1対の角状突起がある

ゴミムシダマシ亜科
ヤマトオサムシダマシ
Blaps (Blaps) japonensis japonensis
●18〜22mm ●本州〜九州 ●通年
体色は、光沢のない黒。オスは翅端が突出する。古い農家の物置等で見られたが、生活様式の変化もあり近年は稀である。

オスは角だけでなく頭部前縁両脇もヘラ状に突出する

ゴミムシダマシ亜科
オオヒメツノゴミムシダマシ
Cryphaeus duellicus
●9〜15.5mm ●北海道〜九州 ●4〜10月
平地〜山地の朽ち木の樹皮下で見つかる。灯火にも飛来する。

尖る

前胸背板側縁は大きく広がる

尖りは弱い

ゴミムシダマシ科・ゴミムシダマシ亜科
コスナゴミムシダマシ
Gonocephalum (Gonocephalum) coriaceum
●7〜8mm ●北海道〜九州・沖縄 ●3〜11月
原っぱや畑地などで普通に見られる。前胸背板の幅は中央付近で最大。

ゴミムシダマシ亜科
ムネビロスナゴミムシダマシ
Gonocephalum (Gonocephalum) japanum japanum
●11〜13mm
●北海道〜九州・伊豆諸島 ●5〜10月
大型。低地の雑木林〜亜高山帯の林床で見つかる。

ゴミムシダマシ亜科
ヒメスナゴミムシダマシ
Gonocephalum (Gonocephalum) persimile
●7.5〜10mm ●北海道〜九州 ●4〜11月
河川敷中流域の砂地の石下などで見つかる。前胸背板の幅はやや後方で最大。

狭まらない

強く狭まる

ゴミムシダマシ亜科
オオスナゴミムシダマシ
Gonocephalum (Gonocephalum) pubens
●10〜13mm ●本州〜九州 ●3〜10月
海浜性。大型で卵型の体型。夜間に砂浜を歩いている。

ゴミムシダマシ亜科
カクスナゴミムシダマシ
Gonocephalum (Gonocephalum) recticolle
●10〜13mm ●北海道・本州 ●3〜10月
大型。河川敷の砂地や砂浜で見つかる。

ゴミムシダマシ亜科
サワダスナゴミムシダマシ
Gonocephalum (Gonocephalum) sawadai
●10mm前後 ●本州（中部・南関東） ●4〜10月?
前胸背板側縁後半が強く狭まる。珍しい。

腹部が太く盛り上がる

条溝が目立つ

似たなかまがいくつかいる
オスの角は前胸背板から生えるが頭部から生える種もいる

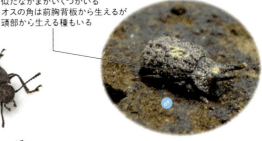

ゴミムシダマシ亜科
ホソスナゴミムシダマシ
Gonocephalum (Gonocephalum) sexuale
●9.5〜12.5mm ●北海道〜九州 ●3〜11月
大型。河川敷の砂地や砂浜で見つかる。やや細身で、前胸背板が小さい。

ゴミムシダマシ亜科
スジコガシラゴミムシダマシ
Heterotarsus carinula
●9.5〜12mm ●北海道〜九州 ●4〜10月
大型。荒地などに普通。上翅の条溝が目立つ。

ゴミムシダマシ亜科
コブスジツノゴミムシダマシ
Boletoxenus bellicosus
●7〜9mm ●北海道〜九州・沖縄 ●5〜9月
山地にすみ、ブナなどの立ち枯れに生えたツリガネタケを食べる。

本州中部以北では青っぽい個体が多く中部以南では真鍮色〜銅色の個体が多い

尖らない

わずかな虹色光沢

尖る

ゴミムシダマシ科・ゴミムシダマシ亜科
コマルキマワリ
Amarygmus (Amarygmus) curvus
●7.5〜9.5mm ●北海道〜九州 ●4〜10月
小型のキマワリ。枯れ枝などで見られる。ごく弱い虹色光沢がある。

ゴミムシダマシ亜科
クロツヤキマワリ
Plesiophthalmus spectabilis
●15.5〜20.5mm ●本州〜九州 ●4〜10月
ニホンキマワリに似るが、脚がやや短く、前脚腿節内側の突起が尖る。前胸背板後方に逆ハの字状の浅い窪みがある。夜行性。

ゴミムシダマシ亜科
ニホンキマワリ（キマワリ）
Plesiophthalmus nigrocyaneus nigrocyaneus
●16〜25mm ●北海道〜九州 ●4〜9月
低地〜山地に普通。昼夜を問わず樹幹などを歩きまわるのがよく見られる。幼虫は朽ち木内で見つかる。

尾端がスプーンのような形

ゴミムシダマシ科・ゴミムシダマシ亜科
ヒメキマワリ
Plesiophthalmus laevicollis
●8〜14mm ●北海道〜九州 ●6〜9月
黒褐色〜黒色で強い光沢がある。わずかに金銅色〜青銅色を帯びる場合がある。

角の先端に橙色の毛が生える

複眼前方にフィン状の突起がある

ゴミムシダマシ亜科
コクヌストモドキ
Tribolium castaneum
●3〜4mm ●本州〜九州・沖縄 ●3〜11月
貯穀害虫として有名。戦国時代頃に侵入した外来種。

ゴミムシダマシ亜科
ミツノゴミムシダマシ
Toxicum tricornutum
●13.5〜18.5mm ●北海道〜九州 ●4〜10月
細長い体型で、体色は光沢のない黒褐色。枯れ木やカワラタケなどのキノコに集まる。オスの頭部には角状の突起がある。

同属他種のメスより前胸背板側縁がやや直線的

えぐれる

メスは光沢が強い

赤褐色

ゴミムシダマシ亜科
マルセルエグリゴミムシダマシ
Uloma (Uloma) marseuli marseuli
●6.5〜8mm ●北海道〜九州・沖縄 ●通年
やや小型で赤褐色。

ゴミムシダマシ亜科
ルイスマルムネゴミムシダマシ
Tarpela lewisi
●8〜11mm ●本州〜九州 ●9〜5月
山地性。秋に出現し越冬、メスは初夏まで見られる。朽ち木などで見つかる。

ゴミムシダマシ亜科
ヤマトエグリゴミムシダマシ
Uloma (Uloma) lewisi
●8〜10mm ●北海道〜九州 ●通年
オスの前脚脛節基部内側は明瞭にえぐれる。

モトヨツコブエグリゴミムシダマシや、ヤマトエグリゴミムシダマシよりやや細長い体型

エグリゴミムシダマシのなかまでは最も普通に見られる

ゴミムシダマシ亜科
モトヨツコブエグリゴミムシダマシ
Uloma (Uloma) bonzica
●8.5〜11.5mm ●北海道〜九州 ●4〜10月
光沢のある黒褐色〜黒色の体。オスの前胸背板には大きな窪みがあり、4つのコブがある。

ゴミムシダマシ亜科
コルベヨツコブエグリゴミムシダマシ（ヨツコブゴミムシダマシ）
Uloma (Uloma) latimanus
●10〜12mm ●北海道〜九州 ●通年
エグリゴミムシダマシのなかまは広葉樹の朽ち木の内部や周辺で見られ、メスは前胸背板前部が窪まない。

ゴミムシダマシ科・キノコゴミムシダマシ亜科／アレチゴミムシダマシ亜科

ゴミムシダマシ②

食性だけでも、乾燥した植物質や動物質食、菌食、地衣類食、捕食性のものなど多岐にわたり、すむ環境も森や里山だけでなく、畑や道端、砂浜にも多数生息しています。この多様性こそが「ゴミダマ」の魅力です。

オオキノコムシ類と似ているが、触角の形が違う

模様が黄色っぽい

模様が赤い

キノコゴミムシダマシ亜科
ヨツボシゴミムシダマシ
Basanus erotyloides
●8～11mm ●北海道～九州 ●4～10月
オオキノコムシ類（→p.77）のような斑紋。自然度の高い森林に生息する。

キノコゴミムシダマシ亜科
オオモンキゴミムシダマシ
Diaperis niponensis
●7～10mm ●北海道～九州 ●4～10月
モンキゴミムシダマシに似るが、より大型であり斑紋の黄色みが強いこと、頭部の形状の違いで見分ける。

キノコゴミムシダマシ亜科
モンキゴミムシダマシ
Diaperis lewisi lewisi
●6.5～8mm
●北海道～九州・沖縄 ●4～10月
斑紋の形状や色彩に地理的変異がある。アイカワタケなどで見つかる他、灯火に飛来する。

前胸背板には光沢がない

光沢のある前胸背板に2つの虹色紋

キノコゴミムシダマシ亜科
ヒメナガニジゴミムシダマシ
Ceropria induta induta
●8～11mm ●本州～九州・沖縄 ●5～10月
上翅に虹色光沢があるが、前胸背板にはない。広葉樹の立ち枯れや切り株でよく見つかる。

キノコゴミムシダマシ亜科
オオナガニジゴミムシダマシ
Ceropria sulcifrons
●11～14mm ●本州～九州 ●5～10月
全身に強い虹色光沢をもつ、大型で非常に美しいゴミムシダマシ。

ここが黒い

前方へ広がるV字状の黒褐色部

キノコゴミムシダマシ亜科
ニセクロホシテントウゴミムシダマシ
Derispia japonicola
●3～4mm ●本州～九州 ●4～10月
テントウムシ体型。ホンクロホシテントウゴミムシダマシに酷似するが、本種は前胸背板の後部が黒い。

キノコゴミムシダマシ亜科
アマミクロホシテントウゴミムシダマシ
Derispia amamiana
●3～3.5mm ●奄美大島 ●4～10月
テントウムシ体型。ニセクロホシテントウゴミムシダマシに酷似するが、前胸背板基縁に沿った黒褐色部は角度の大きいV字型となる。

●体長 ●分布 ●成虫が見られる時期

赤い紋
右の角が大きい

小さな角

キノコゴミムシダマシ亜科
ベニモンキノコゴミムシダマシ
Platydema subfascia subfascia
●3〜5mm
●本州〜九州・伊豆諸島・沖縄・小笠原●4〜10月
上翅に2対の赤い紋がある。オスの頭部には1対の角があるが、右のみが大きい。

キノコゴミムシダマシ亜科
クロツヤキノコゴミムシダマシ
Platydema nigroaeneum
●5.5〜8.5mm●北海道〜九州●通年
前胸背板がマルツヤキノコゴミムシダマシより短い。オスの頭部には1対の小さな角がある。

触角と脚部は橙褐色

キノコゴミムシダマシ亜科
ツノボソキノコゴミムシダマシ
Platydema recticornis
●4〜5mm●本州〜九州・沖縄●4〜10月
オスは頭部に1対の細く突出する角と、頭楯前縁中央に小突起がある。灯火に飛来する。

クロツヤキノコゴミムシダマシより前胸背板が前後に長い
小さな角

キノコゴミムシダマシ亜科
マルツヤキノコゴミムシダマシ
Platydema kurama
●6〜8mm●北海道〜九州●通年
同時に見つかることが多いクロツヤキノコゴミムシダマシに酷似するが、前胸背板が長く上翅長の1/3を超える。オスの頭部には1対の小さな角がある。

前胸背板の幅が狭い

キノコゴミムシダマシ亜科
ホソモンツヤゴミムシダマシ
Promethis okinawana
●3.5〜5mm●北海道〜九州●4〜11月
地域によって上翅に斑紋がある場合がある。

上翅は癒合していて飛べない

アレチゴミムシダマシ亜科
ハマヒョウタンゴミムシダマシ
Idisia ornata
●4.5〜5.5mm●北海道〜九州●4〜10月
海岸砂浜に生息し、日中は漂着物や砂の下に隠れている。暗褐色の体に生えた灰白色の鱗毛が模様を形成する。

ネスイムシ科の数種に似るが触角の形が違う

キノコゴミムシダマシ亜科
クロホソゴミムシダマシ
Corticeus (Corticeus) colydioides
●4〜7mm●北海道〜九州●4〜10月
細長い体型で光沢がある。朽ち木、やや古い伐採木などの樹皮下で見つかる。

ゴミムシダマシ科・ナガキマワリ亜科

ゴミムシダマシ③

このなかまは全体的に地味な色をしているものが多数を占めていますが、金属光沢をもつ美麗な種類もいます。幼虫は、朽ち木の中で成長します。

幼虫は朽ち木の樹皮下にいる

ナガキマワリ亜科
ルリゴミムシダマシ
Derosphaerus subviolaceus
●13〜17.5mm ●北海道〜九州 ●5〜10月
大型でやや青みがかることが多い。市街地の小さな林でも見つかることがあり、個体数は多い。

ヒメナガニジゴミムシダマシ（→p.92）と違い前胸背板にも虹色光沢がある

ナガキマワリ亜科
オオニジゴミムシダマシ
Euhemicera pulchra
●8〜12mm ●本州（関西）・九州（北部） ●4〜10月
上翅の虹色紋が美しいゴミムシダマシ（→p.92）。台湾もしくは中国からの外来種ではないかとされている。

腹部が太くずんぐりとした体型

ナガキマワリ亜科
ズビロキマワリモドキ
Gnesis helopioides helopioides
●7〜12mm ●本州〜九州・沖縄 ●3〜11月
枯れ木や倒木に見られる。

オスの前脚脛節はメスより曲がりが強く端部がより広がる

頭部と前胸背板の点刻が密

前胸背板の点刻が弱い

ナガキマワリ亜科
コツヤホソゴミムシダマシ
Menephilus lucens
●10〜13.5mm ●北海道〜九州 ●6〜10月
低地〜ブナ帯に生息。前胸背板後角が後方に突出する。林縁の木製構造物の隙間で見つかることも多い。

ナガキマワリ亜科
ヒガシツヤヒサゴゴミムシダマシ
Misolampidius imasakai
●10〜16.5mm ●本州（兵庫県以東） ●4〜10月
低地〜高山帯まで広く生息。ニシツヤヒサゴゴミムシダマシより頭部と前胸背板の点刻が密で、前胸背板側方では点刻が融合して皺状になるが、例外もある。

ナガキマワリ亜科
ニシツヤヒサゴゴミムシダマシ
Misolampidius okumurai
●10〜16.5mm
●本州（静岡県以西）・四国（北東部を除く） ●4〜10月
体は暗褐色で、脚部と触角は赤褐色になることが多い。

オスは中脚脛節内側に山型の突起がある

大きくて存在感がある

やや似た体型のコツヤホソゴミムシダマシより大きく脚部も長い

ナガキマワリ亜科
ヒメユミアシゴミムシダマシ
Promethis noctivigila
●14〜17mm ●本州〜九州 ●4〜10月
低山地〜ブナ帯上部に生息するが多くない。オスの前・中脚脛節内側には突起がある。

ナガキマワリ亜科
サトユミアシゴミムシダマシ
（ユミアシゴミムシダマシ）
Promethis valgipes valgipes
●21〜28mm ●本州〜九州 ●4〜10月
黒色でやや細長い長い脚をもった甲虫で、照葉樹林や雑木林に普通。前脚が弓のように湾曲している。よく似た種が複数存在する。

フラッシュ撮影すると虹色が綺麗に写らない

ナガキマワリ亜科
ホンドニジゴミムシダマシ
Tetraphyllus paykullii
●4.5〜7.5mm ●北海道〜九州・伊豆諸島 ●5〜10月
テントウムシ体型で、やや強い虹色光沢がある。立ち枯れや倒木の他、廃木材でも見つかる。

ゴミムシダマシ亜科
ミルワーム（チャイロコメノゴミムシダマシ）
Tenebrio molitor
●12〜16mm ●北海道・本州・沖縄 ●通年
「ミルワーム」としてペット用飼料として販売されており、食用とされることもある。

主に南西諸島に多種が分布しているユミアシゴミムシダマシ属の中では比較的光沢が強い

日本海側に多い。背面は強く盛り上がる

ナガキマワリ亜科
オキナワユミアシゴミムシダマシ
Promethis okinawana
●21.5〜28mm ●沖縄本島・久米島 ●通年
沖縄の照葉樹林に生息し、夜にシイ類の枯れ木などでよく見られる。

ナガキマワリ亜科
ホソクビキマワリ
Stenophanes mesostena
●12〜21mm ●北海道〜九州 ●5〜9月
倒木上などで見られる。上翅前角が発達せず、なで肩である。

前胸背板が明色の個体もいる

ナガキマワリ亜科
ウスイロナガキマワリ
Strongylium brevicorne
●7.5〜11mm ●本州〜九州 ●5〜9月
低山地〜針葉樹林帯に生息。枯れ枝などで見つかる。

彫りの深い条溝

逆ハの字の窪み

ナガキマワリ亜科
セスジナガキマワリ
Strongylium cultellatum cultellatum
●9〜14mm ●本州〜九州・沖縄 ●6〜8月
上翅には彫りの深い条溝があり、谷間に点刻がある。複眼が大きく、特にオスでは左右がかなり近接する。

ナガキマワリ亜科
ヒメナガキマワリ
Strongylium impigrum
●10.5〜14mm ●北海道〜九州 ●4〜8月
細長い体型で光沢がある。前胸背板に逆ハの字の窪みがある。低地〜ブナ帯上部に生息。

クチキムシ

ゴミムシダマシ科・クチキムシ亜科

長い糸状の触角をもった細長い体型の甲虫で、朽ち木などで見られます。アリの巣にすむものや、樹上で花粉を食べるものもいるとされています。幼虫は朽ち木の中で成長します。

クチキムシ亜科
クリノウスイロクチキムシ
Allecula (Allecula) simiola
- 6.5～9mm ● 本州～九州 ● 5～9月
混棲する場合が多いナミウスイロクチキムシ（体長5.4～6.8mm）に酷似する。

クチキムシ亜科
ナミクチキムシ
Upinella melanaria
- 9～12.5mm
- 北海道～九州・沖縄 ● ほぼ通年
光沢があり赤い脚が目立つ。灯火にも集まる。

クチキムシ亜科
クリイロクチキムシ
Borboresthes acicularis
- 6.5～7.5mm
- 北海道～九州・伊豆諸島 ● 5～8月
ホンドトビイロクチキムシに似るが、細身で前胸背板が小さい。

クチキムシ亜科
ホンドトビイロクチキムシ
Borboresthes cruralis
- 7～8mm ● 本州～九州 ● 5～8月
楕円形で上翅に黄褐色の微毛が生える。市街地の小さな雑木林でも見られるが、分布はやや局所的。

クチキムシ亜科
キイロクチキムシ
Cteniopinus hypocrita
- 12～13.5mm ● 本州～九州 ● 4～10月
ゴミムシダマシ科では珍しいレモンイエローで目立つ。

クチキムシ亜科
ホンドクロオオクチキムシ
Upinella fuliginosa
- 12～15.5mm ● 北海道～九州 ● ほぼ通年
光沢がなく脚部は赤褐色で長い。夜間立ち枯れなどを活発に歩きまわり、個体数は多い。

クチキムシ亜科
アカツヤバネクチキムシ
Hymenalia (Hymenalia) rufipennis
- 4.5～6.5mm ● 本州～九州 ● 4～7月
頭部と前胸背板が黒、全身が赤褐色、全身が黒褐色などの変異があり、出現頻度に地域差がある。オスの複眼は大きい。

デバヒラタムシ

デバヒラタムシ科

朽ち木内に生息します。「出歯」の名前のとおり、大アゴが発達しています。

デバヒラタムシ科
デバヒラタムシ
Prostomis latoris
- 5.5～7.5mm ● 北海道～九州 ● 通年
褐色で細長く扁平な身体に、発達した大アゴが突き出す。やや乾燥した赤腐れの朽ち木の中にいる。

● 体長　● 分布　● 成虫が見られる時期

コキノコムシ

🔍 コキノコムシ科・コキノコムシ亜科

キノコやカビを食べ、倒木や樹皮下などで見つかります。穀物害虫になるものもいます。

オオキノコムシ類(→p.77)などと共通の模様

コキノコムシのなかまは半光沢の種が多い

コキノコムシではやや細身 黄褐色の不規則な紋がある

コキノコムシ亜科
ヒゲブトコキノコムシ
Mycetophagus (Ulolendus) antennatus
● 3.5〜5mm ● 北海道〜九州 ● 5〜9月
上翅に3対の大きく波打つ紋がある。触角の先端と基部5節は橙褐色。

コキノコムシ亜科
ヒレルコキノコムシ
Mycetophagus (Mycetophagoides) hillerianus
● 4mm前後 ● 北海道〜九州 ● 4〜10月
ケヤキなどの樹皮下で成虫越冬する。

コキノコムシ亜科
コモンヒメコキノコムシ
Litargus (Litargosomus) japonicus
● 2〜3mm ● 本州〜九州 ● 6〜8月
小さい。上翅に3対の紋がある。

ツツキノコムシ

🔍 ツツキノコムシ科・ツツキノコムシ亜科

円筒形の小さな甲虫です。成虫、幼虫ともにキノコに孔をあけて食害します。

ツツキノコムシ亜科
コマダラコキノコムシ
Mycetophagus (Ulolendus) pustulosus
● 4mm前後 ● 北海道〜九州 ● 5〜10月
よく似たヒゲブトコキノコムシと同所的に見つかる。斑紋にはかなり変異がある。

触角は10節

♀

ツツキノコムシ亜科
アラゲツツキノコムシ
Acanthocis inonoti
● 2mm前後 ● 本州・四国 ● 3〜10月
ヨツバアラゲツツキノコムシに似るが、触角は本種が10節、ヨツバが9節。オスは頭部前方と前胸背板前縁にそれぞれ1対の小さな角がある。

ツツキノコムシ亜科
キュウシュウヒメコキノコムシ
Litargus (Litargosomus) kyushuensis
● 3mm前後 ● 本州〜九州 ● 5〜8月
九州で初記録されたが、本州でも見つかっている。

カワラタケ類につく

ツツキノコムシ亜科
オオツツキノコムシ
Cis polypori
● 3〜4mm ● 北海道〜九州 ● 4〜10月
ツツキノコムシのなかまでは大型。オスは前胸背板前方に窪みがある。

♀

キノコムシダマシ

🔍 キノコムシダマシ科・ヒメナガクチキムシ亜科 モンキナガクチキ亜科

幼虫・成虫ともにキノコを食べます。

コキノコムシのなかまに似ているが上翅が後方に向けてスッと細まる

ヒメナガクチキムシ亜科
アヤモンヒメナガクチキ
Holostrophus (Paraholostrophus) orientalis
● 5〜6mm ● 北海道〜九州・沖縄 ● 4〜8月
菌類に付く甲虫の多くに共通の模様。灯火に飛来する。

♂

橙褐色の毛が生えた小楯板が目印

モンキナガクチキ亜科
モンキナガクチキ
Penthe japana
● 10〜14mm ● 北海道〜九州 ● 5〜10月
山地性。小楯板に橙褐色の毛が生え、触角末端節が白い。オスは触角第5節が肥大する。

クビナガムシ

🔍 クビナガムシ科・ツメクボクビナガムシ亜科／クビナガムシ亜科

細長い体をした甲虫で、山地の花に集まります。幼虫は朽ち木を食べて育ちます。

小楯板が白い

ツメクボクビナガムシ亜科
クビカクシナガクチキムシ
Scotodes annulatus
● 8〜11mm ● 北海道・本州 ● 4〜6月
和名は以前ナガクチキムシ科(→p.87)に入れられていた名残。春に枯れ木や花で見られる。

クビナガムシ亜科
クビナガムシ
Cephaloon pallens
● 10〜13mm
● 北海道〜九州 ● 5〜7月
山地性。脚が長く、敏捷に動きまわる。色彩には個体変異がある。灯火にも飛来する。

ジョウカイボン類(→p.72-73)に似ているが脚部跗節がとても長い

カミキリモドキ科 カミキリモドキ

カミキリムシ（p.102-103）に似た細長い体をしています。体は柔らかく、体液にカンタリジンを含むものが多いので、不用意に触れると水泡性皮膚炎（水ぶくれ）の原因となります。

ツチハンミョウ科・ツチハンミョウ亜科／ゲンセイ亜科 ツチハンミョウ

成虫は、口や脚の関節などからカンタリジンを含む黄色の液を分泌します。この成分は漢方薬として使われていました。幼虫はハナバチの巣やバッタの卵塊などに寄生し、過変態を行います。

アカハネムシ科・アカハネムシ亜科
アカハネムシ

黒色の体に、名前のとおり赤い上翅をもつ種が多いなかまです。これは、有毒のベニボタル類（p.70）に擬態していると考えられています。幼虫は朽ち木の樹皮の下などから見つかり、肉食性です。

体は茶褐色～黒褐色

アカハネムシ亜科
ツチイロビロウドムシ
Dendroides lesnei
●11～15mm ●本州 ●7～8月
亜高山帯～森林限界付近で見られる。オスは触角の櫛歯が極めて長い。

アカハネムシ亜科
オニアカハネムシ
Pseudopyrochroa japonica
●10～14mm ●本州～九州 ●5～7月
山地性。前胸背板も赤っぽい。

幼虫の尾角周辺は種によって形が違う

アカハネムシ亜科
アカハネムシ
Pseudopyrochroa vestiflua
●12～17mm ●北海道～九州 ●5～7月
平地～山地の森林に多い。体内に毒をもつベニボタルの類（→p.70）に擬態しているという。

アカハネムシ亜科
オオクシヒゲビロウドムシ
Pseudodendroides niponensis
●14～18mm ●本州～九州 ●5～7月
ブナ帯で見られる。クシヒゲビロウドムシに酷似するが、同種オスの複眼は左右でほぼ接するのに対し本種は離れる。

アカハネムシ亜科
ヒメアカハネムシ
Pseudopyrochroa rufula
●6～10mm ●北海道～九州 ●4～7月
平地～低山地に普通。オスの触角は櫛歯状。

アリモドキ科・クビボソムシ亜科／アリモドキ亜科
アリモドキ

小型で前胸の前後がくびれ、上翅が卵型になるため、全体的な印象がアリに似ています。成虫、幼虫ともに落ち葉の下や地面などに多く、朽ち木にすむものもいます。

黒褐色

クビボソムシ亜科
キアシクビボソムシ
Macratria japonica
●3.5～4.5mm ●北海道～九州 ●5～11月
動きは敏捷で、よく走りよく飛ぶ。脚は黄褐色で後脚腿節のみ黒褐色。

赤褐色

アリモドキ亜科
アカモンホソアリモドキ
Sapintus (Sapintus) marseuli
●4mm前後 ●本州～九州 ●4～8月
上翅に2対の橙褐色の紋があり、前胸背板は赤褐色。敏捷。

黒褐色

アリモドキ亜科
ムナグロホソアリモドキ
Sapintus (Sapintus) cohaeres
●4～5mm ●北海道～九州 ●7～9月
上翅に2対の橙褐色の紋があり、前胸背板は黒褐色。敏捷。

ハムシ上科

カミキリムシ科、マメゾウムシ科、ハムシ科からなるカブトムシ亜目の一群で、約6万種、日本からは約1,500種が知られ、膨大な種数を誇ります。大部分の種が植物を餌としていて、ときに重大な害虫となります。

カミキリムシ① カブトムシ亜目・ハムシ上科

シロネの葉上で交尾をするオオルリハムシのペア

●体長　●分布　●成虫が見られる時期

カミキリムシ科・ハナカミキリ亜科（ハナカミキリ族 ハイイロハナカミキリ族）／ホソコバネカミキリ亜科

カミキリムシ②

昼間活動するハナカミキリ類は、名前のとおり花に集まり花粉などを食べる細身のカミキリで、美しい色彩のものが数多くいます。ホソコバネカミキリはハチに擬態する特異な形態で知られ、属名のネキダリスから「ネキ」という愛称で呼ばれています。どちらも愛好家の多い一群です。

黄褐色の帯模様が4本

メスでは赤い部分の変異が大きい

ハナカミキリ亜科（ハナカミキリ族）
ヨツスジハナカミキリ
Leptura ochraceofasciata ochraceofasciata
●12〜20mm ●日本全国 ●6〜8月
リョウブやウツギ類など各種の花上でよく見られる。広葉樹・針葉樹の腐朽材にも集まる。

オスは尾端が肥大し、突出する

ハナカミキリ亜科（ハナカミキリ族）
オオヨツスジハナカミキリ
Macroleptura regalis
●20〜31mm ●北海道〜九州 ●7〜8月
大型。南に行くほど黒の面積が広くなる傾向がある。

ハナカミキリ亜科（ハナカミキリ族）
ツヤケシハナカミキリ
Anastrangalia scotodes scotodes
●8〜12.5mm ●北海道〜九州 ●4〜8月
ノイバラやショウマなど各種の花で見られる。メスは産卵のためマツ類の枯れ木に集まる。

触角の第7〜9節が白い

ハナカミキリ亜科（ハナカミキリ族）
ニンフハナカミキリ
Parastrangalis nymphula
●9〜13mm ●北海道〜九州 ●5〜8月
山地に多い。細身で上翅中ほどに小さな白紋がある。

ハナカミキリ亜科（ハナカミキリ族）
カタキハナカミキリ
Pedostrangalia (Neosphenalia) femoralis
●10〜14mm ●北海道〜九州 ●5〜8月
上翅の色彩には変異がある。

ハナカミキリ亜科（ハナカミキリ族）
ヤツボシハナカミキリ
Leptura annularis mimica
●12〜17mm ●北海道〜九州 ●5〜8月
上翅端が黒っぽいが、斑紋の濃淡には変異があり、ほとんど無紋の個体もいる。

前胸背板と上翅が赤色

ハナカミキリ亜科（ハナカミキリ族）
アカハナカミキリ
Stictoleptura (Aredolpona) succedanea
●12〜22mm ●北海道〜九州・沖縄 ●6〜9月
平地〜山地で普通に見られる。

ハナカミキリ亜科（ハナカミキリ族）
マルガタハナカミキリ
Pachytodes cometes
●10〜17mm ●北海道〜九州 ●6〜8月
山地に多い。胴体が太い。上翅の紋の濃淡には個体差がある。

きわめて細身で、触角が長い

ハナカミキリ亜科（ハナカミキリ族）
クビボソハナカミキリ
Nivellia sanguinosa
●10〜15mm ●北海道 ●6〜7月
山地で見られる。ショウマなどの花によく集まる。

ハナカミキリ亜科（ハナカミキリ族）
アオバホソハナカミキリ（ホンドアオバホソハナカミキリ）
Strangalomorpha tenuis aenescens
●10〜15mm ●本州〜九州 ●4〜8月
成虫は花に集まる。

●体長 ●分布 ●成虫が見られる時期

ハナカミキリ亜科（ハイイロハナカミキリ族）
ブービエヒメハナカミキリ
Pidonia (Pidonia) bouvieri
●7.5〜11.5mm ●本州（中部山地以北）●6〜8月
山地で見られる。似た種がいくつかいるが、本種は上翅側面の黒い模様の後部が太くて濃い。

ハナカミキリ亜科（ハイイロハナカミキリ族）
オオヒメハナカミキリ
Pidonia (Pidonia) grallatrix
●9〜14.5mm ●本州〜九州 ●6〜8月
ブナ帯で見られる。上翅の会合部に沿って太い黒帯がある。

ハナカミキリ亜科（ハイイロハナカミキリ族）
マツシタヒメハナカミキリ
Pidonia (Pidonia) matsushitai
●6.5〜10.5mm ●本州（中部山地・紀伊半島）●6〜8月
亜高山帯で見られる。

黒褐色の上翅に黄土色のマダラ模様

ハナカミキリ亜科（ハイイロハナカミキリ族）
ハイイロハナカミキリ
Rhagium (Rhagium) japonicum
●10〜17mm
●北海道・本州 ●4〜7月
山地〜亜高山帯に生息。

ハナカミキリ亜科（ハイイロハナカミキリ族）
カラカネハナカミキリ
Gaurotes (Paragaurotes) doris
●8〜15mm ●北海道〜九州 ●5〜8月
山地性。赤っぽいタイプと緑っぽいタイプがある。

ハナカミキリ亜科（ハイイロハナカミキリ族）
ヒナルリハナカミキリ
Dinoptera minuta
●5.5〜7mm
●本州〜九州 ●3〜7月
クワハムシ（→p.118）などのハムシのなかまに似ている。

ハナカミキリ亜科（ハイイロハナカミキリ族）
フタコブルリハナカミキリ
Stenocorus (Eutoxotus) caeruleipennis
●17〜25mm ●北海道〜九州 ●5〜8月
山地性。青い上翅が美しい。一見アオジョウカイ（→p.73）に似ている。

上翅に2対の白紋がある

ハナカミキリ亜科（ハイイロハナカミキリ族）
フタオビヒメハナカミキリ
（フタオビチビハナカミキリ）
Pidonia (Omphalodera) puziloi
●3.5〜7.5mm
●北海道〜九州・西表島 ●5〜8月
小型。山地で花によく集まる。

ハナカミキリ亜科（ハイイロハナカミキリ族）
セスジヒメハナカミキリ
Pidonia (Cryptopidonia) amentata amentata
●5.5〜9mm
●北海道〜九州 ●6〜8月
似た種がいくつかいるが、本種の頭部と腹部下面は黒い。

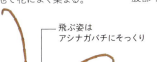

飛ぶ姿はアシナガバチにそっくり

セグロアシナガバチ

ホソコバネカミキリ亜科
アマミホソコバネカミキリ
Necydalis (Necydalis) moriyai tamakii
●18〜29mm ●沖縄本島 ●4〜5月
棍棒状に長く伸びた腹部をもつため、ハチの姿によく似る。写真は沖縄亜種。本亜種は2014年に「*Necydalis tamakii* オキナワホソコバネカミキリ」として新種記載されたが、現在はアマミホソコバネカミキリの亜種として扱われている。

ホソコバネカミキリ亜科
クロホソコバネカミキリ
Necydalis (Necydalisca) harmandi
●14〜21mm ●本州〜九州 ●7〜8月
山地性。全身が黒く、脚部脛節基部が白っぽい。

ホソコバネカミキリ亜科
トガリバホソコバネカミキリ
Necydalis (Eonecydalisca) formosana niimurai
●12〜27mm ●本州〜九州 ●6〜7月
赤褐色で上翅が短く、後翅が露出しており、ハチにそっくり。

カミキリムシ科・カミキリ亜科（ミヤマカミキリ族 アオスジカミキリ族 イエカミキリ族 ルリボシカミキリ族 ヒメカミキリ族 アメイロカミキリ族 クスベニカミキリ族 ホタルカミキリ族 アオカミキリ族 ベニカミキリ族 スギカミキリ族 モモブトカミキリ族）

カミキリムシ ③

カミキリムシの特徴は、やはりその触角の長さです。カミキリムシは漢字で「天牛」と書き、英語では"longhorn beetle"と表現されます。どちらも、長い触角を牛などの立派な角に例えて名づけられました。

オスの触角はメスより長い

メスの触角はオスより短い

カミキリ亜科（ミヤマカミキリ族）
ミヤマカミキリ
Neocerambyx raddei
●34〜57mm ●北海道〜九州 ●5〜8月
クヌギなどブナ科の幹上を歩くほか、樹液や灯火にも集まる。体には金色の微妙が密生する。大きい。

シワがある

カミキリ亜科（ミヤマカミキリ族）
キマダラミヤマカミキリ
Aeolesthes (Pseudaeolesthes) chrysothrix chrysothrix
●22〜35mm ●本州〜九州・沖縄 ●6〜8月
昼間はミズキやアカメガシワなどの花に集まり、夜は樹液にもやってくる。

光沢のある
青緑色のスジがある

カミキリ亜科（アオスジカミキリ族）
アオスジカミキリ
Xystrocera globosa
●15〜35mm ●本州〜九州 ●6〜8月
灯火に集まり、山間の公衆トイレ等でよく見られる。前胸部と上翅には金緑色の筋模様がある。

カミキリ亜科（イエカミキリ族）
マルクビケマダラカミキリ
Trichoferus campestris
●10.5〜20mm ●北海道〜九州・沖縄 ●6〜8月
分布は局所的。木製工芸品から出てくることがある。

静止時は触角を前方に揃える

褐色の上翅に、V字型の黄白色帯が入る

触角に毛束がある

カミキリ亜科（ヒメカミキリ族）
アメイロカミキリ
Stenodryas clavigera clavigera
●6.5〜10.5mm ●本州〜九州 ●5〜7月
黄褐色〜赤褐色で脚部腿節が途中から黒く膨らむ。

カミキリ亜科（アメイロカミキリ族）
タイワンメダカカミキリ
Stenhomalus (Stenhomalus) taiwanus
●4.5〜7.5mm ●本州〜九州・沖縄 ●5〜9月
サンショウなどの枯れ木上で見られる。

鮮やかな赤色

カミキリ亜科（ルリボシカミキリ族）
ルリボシカミキリ
Rosalia (Rosalia) batesi
●16〜30mm ●北海道〜九州 ●7〜8月
ブナ・ケヤキなどの伐倒木に集まる。前胸背板と上翅は鮮やかな青色で明瞭な黒斑があるが、斑紋の変異が大きい。

カミキリ亜科（クスベニカミキリ族）
クスベニカミキリ
Pyrestes nipponicus
●14.5〜19mm ●北海道〜九州 ●6〜9月
照葉樹林に生息し、リョウブなどの花に集まる。

カミキリ亜科（ホタルカミキリ族）
ホタルカミキリ
Dere thoracica
●7〜10mm ●北海道〜九州 ●4〜6月
青藍色で前胸背板の中央のみ赤い。

●体長　●分布　●成虫が見られる時期

カミキリムシ科・カミキリ亜科（トラカミキリ族　トガリバアカネトラカミキリ族）

カミキリムシ④

トラカミキリ類の体表は密に毛で覆われ、毛色の違いが様々な縞模様や斑紋を形づくっています。黄色と黒の虎縞で見事に蜂擬態する種類も多く、姿だけでなく動きも似せているため油断すると騙されてしまいます。昼行性で花によく集まる点がハナカミキリ（p.102-103）と似ていますが、触角は短めです。

キイロスズメバチ

大きく張り出す

カミキリ亜科（トラカミキリ族）
トラフカミキリ
Xylotrechus (Xyloclytus) chinensis kurosawai
●17〜26mm ●北海道〜九州・沖縄 ●7〜9月
獰猛なキイロスズメバチにそっくり。

カミキリ亜科（トラカミキリ族）
ニイジマトラカミキリ
Xylotrechus (Xyloclytus) emaciatus
●7〜13.5mm ●北海道〜九州 ●6〜8月
倒木や伐採木に集まる。

エグリトラカミキリに似るが、前胸背板に1対の黒紋がある

カミキリ亜科（トラカミキリ族）
オオトラカミキリ
Xylotrechus (Ootora) villioni
●21〜27mm ●北海道・本州・四国 ●7〜10月
日本最大のトラカミキリ。通常はモミの樹冠部にいるため、見つけることは難しい。

よく似たブドウトラカミキリは上翅が短い

カミキリ亜科（トラカミキリ族）
トゲヒゲトラカミキリ
Demonax transilis
●8〜11.5mm ●北海道〜九州 ●4〜7月
カエデなどの花や伐採木に集まる。

カミキリ亜科（トラカミキリ族）
クビアカトラカミキリ
Xylotrechus (Xylotrechus) rufilius rufilus
●9〜13mm ●北海道〜九州 ●6〜9月
カエデ類、ヤチダモ、アキニレなどの衰弱木や伐採木にあつまる。前胸背板は朱色。よく似るブドウトラカミキリとは上翅の形状で見分ける。

カミキリ亜科（トラカミキリ族）
キンケトラカミキリ
Clytus auripilis
●9.5〜13.5mm ●北海道〜九州 ●4〜6月
ケヤキなどの枯れ木の中で秋に羽化し、そのまま越冬、春に出てくる。

上翅の黄色帯が目立つ

オオフタオビドロバチ

カミキリ亜科（トラカミキリ族）
フタオビミドリトラカミキリ
Chlorophorus muscosus
●7.5〜15mm ●日本全国 ●5〜8月
アカメガシワやアジサイ類の花や、オオバヤシャブシなどの伐採木に集まる。

カミキリ亜科（トラカミキリ族）
ウスイロトラカミキリ
Xylotrechus (Xylotrechus) cuneipennis
●11〜18.5mm ●北海道〜九州 ●6〜8月
倒木や伐採木に集まる。

カミキリ亜科（トラカミキリ族）
キスジトラカミキリ
Cyrtoclytus caproides caproides
●10.5〜18mm ●北海道〜九州 ●5〜7月
雑木林周辺で見られる。
オオフタオビドロバチにそっくり。

106　●体長　●分布　●成虫が見られる時期

カミキリ亜科（トラカミキリ族）
シラケトラカミキリ
Clytus melaenus
- 8～11mm ● 北海道～九州 ● 4～8月

林縁にあるコゴメウツギなどの花や、広葉樹の伐採木に集まる。

黒い紋がある

カミキリ亜科（トラカミキリ族）
クリストフコトラカミキリ
Plagionotus christophi
- 11～16mm ● 本州・九州 ● 5～6月

クヌギやコナラなどの広葉樹の伐採木に集まる。

カミキリ亜科（トラカミキリ族）
エグリトラカミキリ
Chlorophorus japonicus
- 9～13.5mm ● 北海道～九州 ● 5～8月

山地の雑木林でよく見られる。

模様には変異がある

カミキリ亜科（トラカミキリ族）
ヒメクロトラカミキリ
Rhaphuma diminuta diminuta
- 4.5～8mm ● 北海道～九州 ● 4～6月

サクラ類やモミジ類の花や、クリやコナラなどの広葉樹の衰弱木に集まる。

カミキリ亜科（トラカミキリ族）
タケトラカミキリ
Chlorophorus annularis
- 10～15mm ● 本州～九州・沖縄 ● 7～8月

竹林や竹垣などがある人家周辺でよく見つかる。

カミキリ亜科（トラカミキリ族）
ヨツスジトラカミキリ
Chlorophorus quinquefasciatus
- 13～18mm ● 本州～九州・沖縄 ● 5～9月

海岸沿岸部のシイ・カシ林に多い。アカメガシワなどの花や、各種広葉樹の伐採木や衰弱木に集まる。

カミキリ亜科（トラカミキリ族）
キイロトラカミキリ
Grammographus notabilis notabilis
- 13～19mm ● 本州～九州 ● 5～6月

コナラなどの伐採木に多く集まる。

カミキリ亜科（トガリバアカネトラカミキリ族）
シロトラカミキリ
Paraclytus excultus
- 10.5～16.5mm ● 北海道～九州 ● 5～8月

山地に多い。模様が白い個体と黄色い個体がいる。

カミキリ亜科（トガリバアカネトラカミキリ族）
トガリバアカネトラカミキリ
Anaglyptus (Anaglyptus) niponensis
- 7～11.5mm ● 北海道～九州 ● 4～6月

スギノアカネトラカミキリに似るが、本種は上翅基部が赤い。

カミキリ亜科（トガリバアカネトラカミキリ族）
マツシタトラカミキリ
Anaglyptus (Anaglyptus) matsushitai
- 10～13mm ● 北海道～九州 ● 5～8月

ノリウツギやリョウブの花や、ミズナラなどブナ科の生木に集まる。

上翅中ほどの白帯が太く曲がりが弱い

107

カミキリムシ科・フトカミキリ亜科（ゴマフカミキリ族 シラホシサビカミキリ族 サビカミキリ族 コブヤハズカミキリ族）

カミキリムシ⑤

カミキリは甲虫の中でも花形のひとつなので、どうしても美麗種や大型種に目を向けがちです。しかし、地味なものにもいい味を出しているものが多数います。もっとも枯れ木に集まる種類では、保護色となる茶や黒、灰色の模様のほうが適応的なのは言うまでもありません。

フトカミキリ亜科（ゴマフカミキリ族）
ゴマフカミキリ
Mesosa (Mesosa) japonica
●10～15mm ●本州～九州 ●4～10月
クヌギやコナラなど各種広葉樹の立枯れや伐採木に集まる。

触角は赤褐色

フトカミキリ亜科（ゴマフカミキリ族）
カタシロゴマフカミキリ
Mesosa (Perimesosa) hirsuta hirsuta
●11～17mm ●北海道～九州 ●6～8月
クヌギやコナラの伐採木でよく見られる。

ずんぐりした体型

フトカミキリ亜科（ゴマフカミキリ族）
イシガキゴマフカミキリ
Mesosa yonaguni subkonoi
●11～18mm ●石垣島・西表島 ●4～12月
八重山諸島に生息するヨナグニゴマフカミキリの亜種。

フトカミキリ亜科（ゴマフカミキリ族）
ナガゴマフカミキリ
Palimna liturata liturata
●11～20mm ●北海道～九州・伊豆諸島 ●5～7月
各地に普通。赤いタカラダニのなかまが付いていることが多い。

上翅端が折れた枝の断面のよう

フトカミキリ亜科（シラホシサビカミキリ族）
コブスジサビカミキリ
Atimura japonica
●5～9mm ●北海道～九州 ●4～9月
折れた小枝にそっくり。触ると死んだふりをする。

フトカミキリ亜科（ゴマフカミキリ族）
タテスジゴマフカミキリ
Mesosa (Aplocnemia) senilis
●7～12mm ●北海道～九州 ●4～10月
主に山地で長期間見られるが、個体数はあまり多くない。成虫で越冬する場合がある。

肉食のアリモドキカッコウムシ（→p.75）に配色がそっくり

フトカミキリ亜科（シラホシサビカミキリ族）
ヒシカミキリ
Microlera ptinoides
●3～5mm ●北海道～九州 ●4～6月
とても小さい。後翅が退化して飛べない。肉食のアリモドキカッコウムシ（→p.75）に似ている。

フトカミキリ亜科（シラホシサビカミキリ族）
シロオビチビカミキリ
Sybra (Sybrodiboma) subfasciata subfasciata
●6.5～10mm
●北海道～九州・伊豆諸島 ●5～10月
上翅やや後方に不明瞭な白帯がある。触角は茶色。

フトカミキリ亜科（シラホシサビカミキリ族）
シナノクロフカミキリ
Asaperda agapanthina
●6～13mm ●北海道～九州・伊豆諸島 ●5～8月
上翅中ほどにぼんやりした暗色紋がある。触角は茶色でやや長い毛が生える。

●体長 ●分布 ●成虫が見られる時期

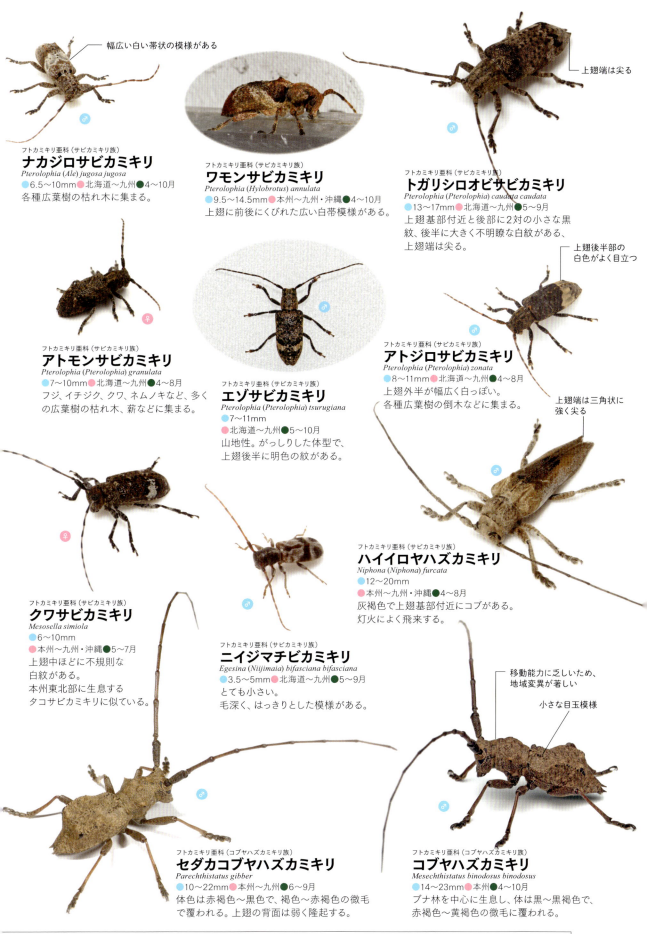

カミキリムシ⑦

カミキリムシ科・フトカミキリ亜科（モモブトカミキリ族 トホシカミキリ族）

トホシカミキリ類は、黄や緑の美しい色彩をもつものが多く、鮮やかな赤や水色の模様をもつ種類もいます。斑紋も多様で綺麗な縦筋模様や複雑なごまだら模様などとても変化に富んでいます。小型種が多く通好みではありますが、カミキリの中で最も美しいという人もいるくらいです。

フトカミキリ亜科（モモブトカミキリ族）
シラオビゴマフケシカミキリ
Exocentrus guttulatus guttulatus
●5〜9mm ●北海道〜九州 ●5〜8月
小さい。広葉樹の枯れ枝でよく見つかる。

フトカミキリ亜科（モモブトカミキリ族）
ガロアケシカミキリ
Exocentrus galloisi
●3〜7mm ●北海道〜九州 ●5〜9月
とても小さい。
上翅後半に太い帯模様がある。

フトカミキリ亜科（モモブトカミキリ族）
トゲバカミキリ
Rondibilis (Rondibilis) saperdina
●8〜15mm ●北海道〜九州 ●6〜9月
細身の体型で、黒い小斑点を散らし、後半に2対の黒紋がある。

フトカミキリ亜科（モモブトカミキリ族）
アトモンマルケシカミキリ
Exocentrus lineatus
●3.5〜7mm ●4〜8月 ●北海道〜九州
艶のある赤褐色で上翅に毛による筋模様がある。

黒紋に変異がある

フトカミキリ亜科（トホシカミキリ族）
ハンノアオカミキリ
Eutetrapha chrysochloris chrysochloris
●11〜17mm
●北海道・本州（近畿以東） ●5〜8月
山地で見られる。緑〜橙色の金属光沢があり、黒い模様が並ぶ。

フトカミキリ亜科（トホシカミキリ族）
ヤツメカミキリ
Eutetrapha ocelota
●12〜18mm ●北海道〜九州・沖縄 ●5〜7月
上翅側縁の4対の黒紋が特徴。

上翅は黒色で、縁と会合部は朱色。

フトカミキリ亜科（トホシカミキリ族）
ハンノキカミキリ
Cagosima sanguinolenta
●15〜22mm ●北海道〜九州 ●5〜7月
ハンノキ類やヤシャブシ類に集まる。

前胸背板から会合部に白い縦帯がある

フトカミキリ亜科（トホシカミキリ族）
アサカミキリ
Thyestilla gebleri
●10〜15mm ●本州〜九州 ●5〜8月
かつてはアサの害虫だったが、アサが栽培されなくなった現在では激減している。

美しい銀青色

フトカミキリ亜科（トホシカミキリ族）
リュウキュウルリボシカミキリ
Glenea (Glenea) chlorospila
●8〜13mm ●四国・九州 ●3〜6月
ホウロクイチゴ、ノブドウなどの生葉を線上に後食する。

●体長 ●分布 ●成虫が見られる時期

ハムシ科・ハムシ亜科／コガネハムシ亜科

ハムシ①

ハムシは漢字で「葉虫」と書き、名前の通り幼虫・成虫ともに植物を食べる甲虫です。私たちの身近な環境にもたくさんいますが、体長1cm以下の小型のものが多く、意外にその存在に気づかない甲虫です。ちなみに英名も、そのまま"leaf beetle"です。

体色は銅金型と青黒型がある

ハムシ亜科
ヨモギハムシ
Chrysolina (Anopachys) aurichalcea
●7〜10mm ●日本全国 ●5〜11月
ヨモギの葉上で普通に見られる。ほとんど飛ばない。

ハムシ亜科
オオルリハムシ
Chrysolina (Erythrochrysa) virgata
●11〜15mm ●本州・九州 ●4〜10月
沼や湿地のシロネ、ヒメシロネなどの葉を食べる。

ハムシ亜科
コガタルリハムシ
Gastrophysa (Gastrophysa) atrocyanea
●5〜6mm ●北海道〜九州 ●3〜7月
ギシギシ、スイバ、イタドリの葉上で見られる。成熟したメスは腹が大きく膨らむ。

上翅には通常10対の黒色紋があるが、変異が大きい

ミヤマヒラタハムシに似るが、体色は黒い

卵で大きく膨らんだ腹部

ハムシ亜科
ヤナギハムシ
Chrysomela vigintipunctata vigintipunctata
●7〜9mm ●北海道〜九州 ●3〜6月
ヤナギ類に見られる。

ハムシ亜科
ミヤマヒラタハムシ
Gastrolina peltoidea
●8mm前後 ●北海道・本州・四国 ●7〜10月
亜高山帯〜高山帯に生息。クルミハムシに似る。

ハムシ亜科
クルミハムシ
Gastrolina depressa
●7〜8mm ●北海道〜九州 ●5〜10月
扁平な体つき。樹皮下で越冬する。

ハムシ亜科
ヤナギホシハムシ
Gonioctena (Gonioctena) honshuensis honshuensis
●6〜7mm ●北海道・本州・四国 ●5〜7月
山地性。模様の濃淡に個体変異がある。

10個の黒色紋

ハムシ亜科
ハッカムシ
Chrysolina (Anopachys) exanthematica
●7.5〜11mm ●北海道〜九州 ●4〜10月
体色は銅色〜青銅色で丸い体型。ハッカやアキギリなどシソ科植物を食べる。

ハムシ亜科
トホシハムシ
Gonioctena (Gonioctena) japonica japonica
●5〜7mm ●北海道〜九州 ●4〜8月
山地性。地色が黄色い個体もいる。

ハムシ亜科
ヒメトホシハムシ
Gonioctena (Gonioctena) takahashii
●6mm前後 ●本州・四国 ●4〜7月
山地性。地色が黄色い個体もいる。腹部が黒い。

ハムシ亜科
オオホソルリハムシ
Phratora (Phyllodecta) grandis
●5〜6mm ●北海道・本州 ●4〜8月
ヤマナラシハムシに似る。

ハムシ亜科
ヤナギルリハムシ
Plagiodera versicolora
●3〜4.5mm ●北海道〜九州 ●4〜11月
丸い体型で青黒く、光沢がある。

色彩変異がとても多い

ハムシ亜科
タイワンハムシ
Linaeidea formosana
●7mm前後 ●沖縄本島 ●ほぼ通年
外来種で、2010年に沖縄本島北部で大発生した際には、食害が大きな問題となった。

上翅は赤褐色　頭部と前胸背板は黒い

ハムシ亜科
フジハムシ
Gonioctena (Brachyphytodecta) rubripennis
●4.5〜6mm ●北海道〜九州 ●4〜7月
フジ類の葉に集まる。

ハムシ亜科
ユーカリハムシ
Trachymela sloanei
●7〜8mm ●大阪・千葉・東京など ●不明
オーストラリア原産の外来種。
ユーカリの葉に丸い食痕を残す。

頭部が黒い

ハムシ亜科
ズグロキハムシ
Plagiosterna japonica
●5〜6mm ●本州〜九州 ●5〜7月
黄褐色で頭部が黒い。

ハムシ亜科
ヤツボシハムシ
Gonioctena (Sinomela) nigroplagiata
●6mm前後 ●本州 ●5〜7月
黒紋の濃淡に変異があり、無紋の個体もいる。

オスの後脚腿節と脛節は太く発達する

赤色を基調とした金属光沢をもつ

コガネハムシ亜科
フェモラータオオモモブトハムシ（コガネハムシ）
Sagra femorata
●15〜20mm ●本州（三重県松阪市周辺） ●7〜8月
2006年に三重県松阪市で見つかった外来種。

マメ科植物のクズの茎で見つかった幼虫の入った虫コブ

虫コブの中の幼虫

ハムシ科・クビボソハムシ亜科／ネクイハムシ亜科／ホソハムシ亜科／ノミハムシ亜科

ハムシ②

ハムシの体色は非常に多様で、中には目が覚めるような鮮やかな色彩のものや、ツヤツヤした強い光沢をもつ種類がたくさんいます。そのため「葉上の宝石」や「歩く宝石」と呼ばれることもあります。

黒紋に変異がある

クビボソハムシ亜科
ジュウシホシクビナガハムシ
Crioceris quatuordecimpunctata
●6〜7mm ●北海道・本州・九州 ●4〜10月
アスパラガスなどに集まる。上翅には7対14の黒斑があるが、大小の変異があり消失することもある。

上翅は光沢があり、3本の黒筋がある

クビボソハムシ亜科
ルイスクビナガハムシ
Lilioceris lewisi
●6〜7mm ●北海道・本州・九州 ●4〜10月
マイズルソウなどに集まる。

黒青色の上翅に幅広い橙色の帯がある

クビボソハムシ亜科
キオビクビボソハムシ
Lema (Lema) delicatula
●4〜4.5mm ●本州〜九州 ●4〜6月・8〜9月
ツユクサ上で見ることができる。

クビボソハムシ亜科
キベリクビボソハムシ
Lema (Petauristes) adamsii
●5.5〜6mm ●本州〜九州 ●4〜7月
上翅の黒紋の大きさには変異があり、前後が繋がったり消失したりする個体もいる。

黒紋の変異が大きい

頭部と前胸部が赤い
上翅は瑠璃色

クビボソハムシ亜科
ヤマイモハムシ
Lema (Petauristes) honorata
●5〜6mm ●北海道〜九州・沖縄 ●5〜8月
林縁に生えるヤマノイモ科植物の葉を食べる。

体は光沢のある青藍色で、緑色や紫色の強いものもいる

クビボソハムシ亜科
ルリクビボソハムシ
Lema (Lema) cirsicola
●5.5〜6.5mm ●北海道〜九州 ●4〜10月
アザミなどの葉を食べる。よく似たキバラルリクビボソハムシは腹部が黄色で、ツユクサにつく。

キイロクビナガハムシに似るが、赤みが強い

クビボソハムシ亜科
アカクビボソハムシ
Lema (Lema) diversa
●5.5〜6.5mm ●本州〜九州 ●4〜11月
ツユクサに集まる。上翅の色彩は変異が大きい

クビボソハムシ亜科
アワクビボソハムシ
Oulema dilutipes
●3〜4mm ●本州〜九州 ●4〜11月
水田や湿地に見られ、アワ、エノコログサ、メヒシバなどの他、ヒエ、キビなども食べる。

体は赤茶色で、上翅にはっきりした点刻列がある

クビボソハムシ亜科
ユリクビナガハムシ
Lilioceris merdigera
●7〜8.5mm ●本州・九州 ●4〜8月
栽培ユリの害虫になることがある。

頭部と前胸背板は黒い

クビボソハムシ亜科
ホソクビナガハムシ
Lilioceris parvicollis
●7mm前後 ●本州〜九州 ●5〜8月
上翅は黄褐色〜赤褐色。

キイロとつくが、赤みが強い個体が多い

クビボソハムシ亜科
キイロクビナガハムシ
Lilioceris rugata
●7.5mm前後 ●本州〜九州 ●4〜7月
ヤマノイモやオニドコロなどを食べる。

ホソハムシ亜科
カバノキハムシ
Syneta adamsi
●4.5〜7.5mm ●北海道〜九州 ●5〜7月
山地で見られる。色彩には変異がある。

テントウムシ類（→p.82-85）に似るが、触角が長い

ノミハムシ亜科
ヘリグロテントウノミハムシ
Argopistes coccinelliformis
●3〜4mm ●本州〜九州・沖縄 ●4〜11月
ヒイラギモクセイ、ヒイラギ、ネズミモチにつく。

ネクイハムシ亜科
キヌツヤミズクサハムシ
Plateumaris (Euplateumaris) sericea sibirica
●6.5〜9mm ●北海道〜九州 ●4〜6月
湿地性。美しい金属光沢があり、色彩に変異があるが、青系はオスに出現する。シラハタミズクサハムシに酷似する。

ノミハムシ亜科
オオアカマルノミハムシ
Argopus clypeatus
●4〜5mm ●本州〜九州 ●4〜8月
真っ赤。キンポウゲ科の毒素を体内に蓄積していることを示す警戒色と思われる。

ノミハムシ亜科
アカイロマルノミハムシ
Argopus punctipennis punctipennis
●3.5mm前後 ●北海道〜九州 ●3〜9月
真っ赤でまん丸。発達した後脚で跳ねる。

頭部、前胸背板、上翅の会合部と周辺が橙色

ノミハムシ亜科
キベリヒラタノミハムシ
Hemipyxis cinctipennis okinawana
●2.5〜3mm ●沖縄本島 ●4〜10月
ムラサキシキブやオオバコの葉上で見られる。写真は沖縄本島亜種。

後脚腿節が太い

ノミハムシ亜科
キバネマルノミハムシ
Hemipyxis flavipennis
●3.5〜5mm ●北海道〜九州 ●5〜8月
チャバネツヤハムシに似るが、小さい。

ノミハムシ亜科
オオアシナガトビハムシ
Longitarsus (Longitarsus) nitidus
●4mm前後 ●北海道〜九州 ●6〜8月
透明感のある明黄褐色。

ノミハムシ亜科
チャバネツヤハムシ
Phygasia fulvipennis
●5〜6mm ●北海道〜九州 ●6〜8月
光沢があり上翅だけが橙褐色。

ノミハムシ亜科
フタホシオオノミハムシ
Pseudodera xanthospila
●7〜8mm ●本州〜九州 ●5〜7月
赤く光沢があり、上翅端の黄白色の紋が特徴的。

後脚が発達し、よく跳ねる

ノミハムシ亜科
ナトビハムシ
Psylliodes (Psylliodes) punctifrons
●2〜3mm ●北海道〜九州 ●4〜10月
そっくりな別種がいくつかいる。ナノミハムシとも呼ばれる。

後脚腿節が太い

ノミハムシ亜科
カタクリハムシ
Sangariola punctatostriata
●6mm前後 ●北海道〜九州 ●4〜5月
春に見られる。点刻条溝のある赤い上翅が美しい。

ハムシ③

ハムシ科・ヒゲナガハムシ亜科

ハムシには農業害虫として知られるものもいます。主に葉を食べる成虫より、葉だけでなく茎や根の内部に食い入る幼虫のほうが植物へのダメージが深刻です。ウリハムシ類はキュウリやカボチャの害虫として有名で、よく飛ぶことから農業の世界では「ウリバエ」とも呼ばれています。

ヒゲナガハムシ亜科
ムナグロツヤハムシ
Arthrotus niger
- 4.5〜6mm
- 北海道〜九州 ● 4〜10月
色彩の変異が激しい。

ヒゲナガハムシ亜科
ウリハムシ
Aulacophora indica
- 5.5〜7.5mm
- 本州〜九州・沖縄 ● 4〜10月
ウリ類につき、畑や草地などに普通。体色は橙黄色で、中脚、後脚、腹部は黒い。

黒紋がある

ヒゲナガハムシ亜科
フタイロウリハムシ
Aulacophora bicolor
- 7.5〜8.5mm ● 奄美・沖縄 ● 4〜10月
ウリハムシの近縁種で、赤褐色の体にウリハムシにはない黒斑がある。

ヒゲナガハムシ亜科
キクビアオハムシ
Agelasa nigriceps
- 6〜7mm
- 北海道〜九州 ● 6〜9月
山地で見られる。

脚と前胸背板は黄褐色

上翅と脚が黒い

ヒゲナガハムシ亜科
クロウリハムシ
Aulacophora nigripennis nigripennis
- 6〜7mm
- 本州〜九州・伊豆諸島・沖縄 ● 4〜12月
人家周辺でも普通に見られる。集団で成虫越冬する。

ヒゲナガハムシ亜科
クロバヒゲナガハムシ
Taumacera tibialis
- 4〜5.5mm
- 本州〜九州 ● 6〜8月
クロウリハムシに似るが、細身で一回り小さい。

ヒゲナガハムシ亜科
ウリハムシモドキ
Aulacophora nigripennis nigripennis
- 6〜7mm
- 本州〜九州・伊豆諸島・沖縄
- 4〜12月
人家周辺でも普通に見られる。集団で成虫越冬する。

ヒゲナガハムシ亜科
イタドリハムシ
Gallerucida bifasciata
- 7.5〜9.5mm ● 北海道〜九州 ● 3〜9月
イタドリやスイバに集まる。同部と前胸背板は黒。上翅には橙黄色の紋があるが変異が多い。

ヒゲナガハムシ亜科
クワハムシ
Fleutiauxia armata
- 6mm前後 ● 北海道〜九州 ● 4〜7月
藍〜暗緑の金属光沢があり、前胸背板に明瞭な窪みがある。

ヒゲナガハムシ亜科
ジュンサイハムシ
Galerucella (Galerucella) nipponensis
- 4.5〜6mm ● 本州〜九州 ● 4〜8月
ジュンサイなどがある水辺に生息する。

ヒゲナガハムシ亜科
キイロクワハムシ
Monolepta pallidula
- 4〜5mm
- 本州〜九州・沖縄 ● 7〜10月
ポンカン類の害虫として知られる。

ヒゲナガハムシ亜科
アヤメツブノミハムシ
Aphthona interstitialis
- 2〜3mm
- 北海道・本州・九州 ● 4〜9月
小さい。黄褐色で上翅の会合部が黒い。

ヒゲナガハムシ亜科
ヨツキボシハムシ
Hamushia eburata
- 5mm前後
- 北海道〜九州・沖縄 ● 3〜7月
後翅が退化して飛ばない。ハコベやヨモギなどの葉上で見つかる。

ヒゲナガハムシ亜科
フタスジヒメハムシ
Medythia nigrobilineata
- 3〜3.5mm ● 北海道〜九州・沖縄 ● 5〜10月
1対の明瞭な黒い縦筋がある。

前胸背板に黒点が4〜5個並ぶ

黒点が4個並ぶ

脚の先が靴下をはいたように黒い

ヒゲナガハムシ亜科
イチモンジハムシ
Morphosphaera japonica
●7〜9mm ●本州〜九州 ●4〜7月
別科のヨツボシオオキノコ（→p.77）とと似た配色。

ヒゲナガハムシ亜科
オキナワイチモンジハムシ
Morphosphaera caerulea
●7〜9mm ●奄美・沖縄 ●5〜6月・10〜11月
ガジュマル、オオイタビ、ハマイヌビワに集まり摂食する。

ヒゲナガハムシ亜科
キベリハムシ
Oides bowringii
●13〜15mm ●本州（兵庫・大阪）●6〜8月
ビナンカズラで見られる。上翅は紫藍色で縁部は黄褐色。中国からの外来種としても知られる。

光沢がない

模様には変異がある

ヒゲナガハムシ亜科
ブタクサハムシ
Ophraella communa
●4〜5mm ●本州〜九州 ●3〜10月
ブタクサやオオブタクサで見られる。北米原産の帰化昆虫。

ヒゲナガハムシ亜科
ヨツボシハムシ
Paridea (Paridea) oculata
●5〜6mm ●本州〜九州 ●4〜9月
上翅に2対の大きな黒紋があるが、繋がったり消失したりする個体もいる。

ヒゲナガハムシ亜科
アトボシハムシ
Paridea angulicollis
●5〜6mm ●北海道〜九州 ●3〜11月
上翅後方に1対の大きな黒紋。小楯板の後方にも黒紋が出る個体がいる。

触角と脚が黒い

ヒゲナガハムシ亜科
ブチヒゲケブカハムシ
Pyrrhalta annulicornis
●7〜8mm ●北海道〜九州 ●7〜11月
似た種がいくつかいるが、本種は触角第3節の長さが第2節の約2倍ある。

ヒゲナガハムシ亜科
イタヤハムシ
Oulema dilutipes
●8mm前後 ●北海道〜九州 ●7〜10月
山地で見られる。

ヒゲナガハムシ亜科
エノキハムシ
Pyrrhalta tibialis
●7.5〜8mm ●本州〜九州 ●5〜9月
全身が黄褐色。黒化した個体もいる。

黒紋がある

ヒゲナガハムシ亜科
アカタデハムシ
Tricholochmaea semifulva
●3〜4mm ●北海道〜九州 ●4〜8月
赤褐色でザラザラした質感。

ヒゲナガハムシ亜科
タマアシトビハムシ
Philopona vibex
●4〜4.5mm ●北海道〜九州 ●4〜8月
色彩には変異があり、黄褐色の前胸背板と上翅に黒い縦条のある個体もいる。

ヒゲナガハムシ亜科
ニレハムシ
Xanthogaleruca maculicollis
●5.5〜7mm ●北海道〜九州 ●4〜10月
ケヤキやニレの葉に集まる。前胸背板と上翅肩部に黒紋がある。

ハムシ科・カメノコハムシ亜科

ハムシ④

平たく独特の形をしているカメノコハムシのなかまですが、「亀の子」や「亀の甲」をイメージして名づけられたようです。ジンガサハムシも同様で、戦国自体に足軽がかぶった「陣笠」に似ていることから、この名前がつけられました。

金色の部分が黒っぽい個体もいる / 隆起する

隆起しない

X字状に隆起する

カメノコハムシ亜科
ジンガサハムシ
Aspidimorpha (Aspidimorpha) indica
●7〜8mm ●北海道〜九州 ●5〜8月
UFOのような変わった形のハムシ。体から大きくはみ出す甲羅は滑らかで透明度が高く、体の部分は金色に眩く輝く。

カメノコハムシ亜科
スキバジンガサハムシ
Aspidimorpha (Aspidimorpha) transparipennis
●6〜7mm ●北海道〜九州 ●4〜11月
ヒルガオ類の葉上で見られる。ジンガサハムシに酷似するが、より小形で体の幅も狭い。

カメノコハムシ亜科
セモンジンガサハムシ
Cassida versicolor
●5〜6mm ●北海道〜九州・沖縄 ●4〜10月
バラ科植物のサクラなどの葉を食べる。

触角の先端が黒い / ジンガサハムシより体高があり、上翅に複雑な凸凹がある

脚は黒色

カメノコハムシ亜科
イチモンジカメノコハムシ
Thlaspida cribrosa
●8mm前後 ●本州〜九州 ●4〜10月
林縁部に生えるムラサキシキブやヤブムラサキの葉を食べる。

カメノコハムシ亜科
ヒメジンガサハムシ
Cassida fuscorufa
●5.5〜6mm ●北海道〜九州 ●4〜7月
ヨモギ上で見られる。卵は分泌物で覆われ、さらにフンをかぶせる習性がある。

強く隆起する

カメノコハムシ亜科
タテスジヒメジンガサハムシ
Cassida circumdata circumdata
●4〜5.5mm ●本州（大阪）・九州・沖縄 ●3〜8月
サツマイモなどの葉につく。侵入経路が不明だが2012年に大阪の富田林市でも確認されている。

カメノコハムシ亜科
コガタカメノコハムシ
Cassida vespertina
●4.5〜7mm ●本州〜九州・沖縄 ●4〜10月
角張った体型で背面中央が隆起し、黒い部分が多い。ボタンヅルを食べる。

黒い紋がある

黒い紋がない

カメノコハムシ亜科
ヒメカメノコハムシ
Cassida piperata
●5mm前後 ●北海道〜九州・沖縄 ●3〜11月
上翅後方に黒紋があるものもいる。アカザやシロザを食べる。

カメノコハムシ亜科
イノコヅチカメノコハムシ
Cassida japana
●6mm前後 ●本州 ●4〜7月
長年ヒメカメノコハムシと混同されてきたが、本種は上翅後方に黒紋があるものが出ず、イノコヅチを食べる。

カメノコハムシ亜科
スジキイロカメノコハムシ
Cassida nobilis
●5mm前後 ●本州 ●4〜7月
チャイロカメノコハムシとも呼ばれる。平地の湿地、草地に生息するが稀。

●体長 ●分布 ●成虫が見られる時期

背面は隆起する

黒色紋の数や形に変異がある

隆起しない

カメノコハムシ亜科
ミドリカメノコハムシ
Cassida erudita
●7〜8mm ●北海道・本州 ●5〜7月
アキチョウジやヒメシロネなどの葉上に見られる。アオカメノコハムシ似るが、横から見ると小楯板周辺の隆起が顕著。

カメノコハムシ亜科
アオカメノコハムシ
Cassida rubiginosa rubiginosa
●7〜8.5mm ●北海道〜九州 ●4〜9月
アザミ類の葉上で見られる。鮮やかな青緑色をしている。

カメノコハムシ亜科
ベニカメノコハムシ
Cassida murraea
●7〜9mm ●本州 ●6〜8月
ヤブタバコ、ミズギクなどで見られる。上翅は鮮やかな紅色で黒色紋がある。

体は茶褐色〜赤褐色で、扁平な体型

カメノコハムシ亜科
ヨツモンカメノコハムシ
Laccoptera (Laccopteroidea) nepalensis
●7.5〜9mm ●本州〜沖縄 ●4〜12月
日本産のカメノコハムシ類では最大。サツマイモなどの葉を食べる。

カメノコハムシ亜科
ミカンカメノコハムシ
Cassida obtusaata
●3.5〜4.5mm ●沖縄本島 ●3〜10月
1937年に初確認された外来種。ミカンの害虫としても知られている。

カメノコハムシ亜科
アカヒラタカメノコハムシ
Notosacantha ihai
●5〜5.5mm
●トカラ・奄美大島・沖縄本島・石垣島 ●4〜11月
ショウベンノキの葉を食べる。

上翅側縁のトゲが短い

カメノコハムシ亜科
クロトゲハムシ
Hispellinus moerens
●5mm前後 ●本州〜九州 ●5〜10月
クロルリトゲハムシに似るが、トゲが短い。

触角の先端は色が濃い

上翅側縁のトゲは長い

カメノコハムシ亜科
ヒメキベリトゲハムシ
Dactylispa (Triplispa) angulosa
●3〜4mm ●北海道〜九州 ●4〜10月
最新分類ではキベリトゲハムシと同種とされている。幼虫は葉の内部に潜る。

カメノコハムシ亜科
カタビロトゲハムシ
Dactylispa (Platypriella) subquadrata subquadrata
●4.5〜5.5mm ●本州〜九州 ●4〜10月
ナラ、カシワ類の葉をかじり葉肉内に産卵する。以前はカタビロトゲトゲと呼ばれていた。

カメノコハムシ亜科
クロルリトゲハムシ
Rhadinosa nigrocyanea
●4〜4.5mm ●本州〜九州 ●5〜11月
ススキのある草原で見られる。クロトゲハムシに酷似するが、本種のほうが上翅側縁の突起が長い。

ハムシ科・ツツハムシ亜科／サルハムシ亜科

ハムシ⑤

ツツハムシ類の幼虫は、フンでできた筒状の幼虫殻に入って生活し、危険を感じると殻に閉じこもり身を守ります。サルハムシはその丸い形が、願掛けで庚申堂の軒先に吊るされる「くくり猿」に似ていることから、猿葉虫となったようです。

前胸背板は黒い

ツツハムシ亜科
ヨツボシナガツツハムシ
Clytra (Clytra) arida
●8〜11mm ●本州〜九州 ●6〜10月
ハギ類などの葉で見られる。筒型の体型をしており、鮮やかな橙黄色の上翅に2対4つの黒紋がある。

ツツハムシ亜科
ツツジコブハムシ
Chlamisus laticollis
●3mm前後
●本州・九州 ●5〜10月
ムシクソハムシに似るがやや太めの体型。

イモムシなどのフンにそっくり

ツツハムシ亜科
ムシクソハムシ
Chlamisus spilotus
●3mm前後 ●本州〜九州 ●4〜10月
葉上でじっとしているとイモムシのフンにしか見えない。このなかまの幼虫はフンでつくったカプセルに入ってミノムシのような生活をする。

ツツハムシ亜科
コヤツボシツツハムシ
Cryptocephalus (Cryptocephalus) instabilis
●5mm前後 ●本州〜九州 ●4〜7月
メスは前胸背板に橙黄色の紋がある。あまり多くない。

黒紋に変異がある

ツツハムシ亜科
クロボシツツハムシ
Cryptocephalus (Cryptocephalus) luridipennis pallescens
●4.5〜6mm ●本州〜九州 ●4〜7月
クヌギやクリの葉上なので見られる。赤褐色の上翅には、3対6個の黒色紋がある。

ツツハムシ亜科
ムツボシツツハムシ
Cryptocephalus (Cryptocephalus) sexpunctatus sexpunctatus
●5〜6mm ●北海道 ●5〜6月
赤橙色の上翅に、黒色の斑紋が大小合わせて6つある。

上翅の会合部は橙黄色

ツツハムシ亜科
カシワツツハムシ
Cryptocephalus (Cryptocephalus) scitulus
●4mm前後 ●北海道〜九州 ●6〜9月
ヤナギ類やマメ科に付くタテスジキツツハムシに似る。

ツツハムシ亜科
ヨツモンクロツツハムシ
Cryptocephalus (Cryptocephalus) nobilis
●5〜6mm ●本州〜九州 ●4〜7月
上翅は黒色で、2対4個の黒紋がある。

ツツハムシ亜科
キボシツツハムシ
Cryptocephalus (Cryptocephalus) signaticeps
●3〜4.5mm ●北海道〜九州・沖縄 ●5〜7月
ムツキボシツツハムシに似るが、本種はやや小型で上翅の紋は8対。

ツツハムシ亜科
ヤツボシツツハムシ
Cryptocephalus (Cryptocephalus) peliopterus peliopterus
●7〜8mm ●本州〜九州 ●4〜7月
黒紋の大きさには個体差がある。

ツツハムシ亜科
キアシルリツツハムシ
Cryptocephalus (Cryptocephalus) hyacinthinus
●3.5〜4.5mm ●北海道〜九州 ●4〜7月
同属で似た種が多いが、オスの尾節板は台形。バラルリツツハムシ、キアシルリハムシは本種に統合された。

脚は茶褐色

ツツハムシ亜科
キボシルリハムシ
Smaragdina aurita nigrocyanea
●4.5〜7mm ●北海道〜九州 ●4〜8月
前胸背板も青黒色の個体がいる。

脚の跗節は黒褐色

ツツハムシ亜科
キイロナガツツハムシ
Smaragdina nipponensis
●5〜6mm ●本州〜九州・沖縄 ●4〜6月
体色は黄赤褐色で触角は基部を除き黒褐色。

●体長 ●分布 ●成虫が見られる時期

緑と赤の
クリスマスカラー

サルハムシ亜科
アカガネサルハムシ
Acrothinium gaschkevitchii gaschkevitchii
●7mm前後 ●北海道〜九州・沖縄 ●5〜8月
緑〜赤の強い金属光沢があり美しい。

体色は赤銅色や
緑青色など変異がある

サルハムシ亜科
ドウガネサルハムシ
Heteraspis lewisii
●3〜4mm ●本州〜九州 ●3〜11月
ヤブガラシ、クサギ、エビヅル、ブドウなどの葉を食べる。

触角の付け根側と前胸背板は赤褐色
上翅は光沢の
ある黒色

サルハムシ亜科
ムネアカサルハムシ
Basilepta ruficollis
●4〜5.5mm ●本州〜九州 ●6〜9月
クリ、クマイチゴ、オオイタドリの葉を食べる。

体色は紫青色や
緑青色のものがいる

サルハムシ亜科
イモサルハムシ
Colasposoma dauricum
●6mm前後 ●北海道〜九州 ●5〜8月
鈍い金属光沢があり、色彩は銅色、緑、濃紺と変異がある。

サルハムシ亜科
オオサルハムシ
Chrysochus chinensis
●10〜13mm ●本州〜九州 ●4〜9月
ヨシの生えた湿地性草地に生息する。

サルハムシ亜科
ムネアカキバネサルハムシ
Pagria consimilis
●2〜3mm ●本州〜九州 ●3〜9月
小さい。前胸背板はオスが茶褐色、メスは黒褐色。ツヤキバネサルハムシ、チビキバネサルハムシ、マルキバネサルハムシに似る。

白い粉に覆われるが、
地色は黒い

色彩には変異がある

サルハムシ亜科
チャイロサルハムシ
Basilepta balyi
●4〜5mm
●北海道〜九州 ●4〜7月
山地に多い。
黒っぽい個体もいる。

脚は黒と茶のマダラ模様

サルハムシ亜科
マダラアラゲサルハムシ
（マダラカサハラハムシ）
Demotina fasciculata
●3〜4mm ●本州〜九州 ●4〜10月
茶の害虫として知られる。

サルハムシ亜科
リンゴコフキハムシ
Lypesthes ater
●6〜7mm
●北海道〜九州 ●5〜8月
全身が白い粉に覆われるが、やがて剥げ落ちて黒くなる。

サルハムシ亜科
クロオビカサハラハムシ
Demotina fasciata
●4mm前後 ●本州〜九州 ●4〜10月
荒い毛が生え、
上翅端付近に黒い帯模様がある。

毛が密生する

サルハムシ亜科
トビサルハムシ
Trichochrysea japana
●6〜8mm ●本州・対馬 ●4〜8月
クリ、クヌギ、コンラなどの葉を食べる。体色は赤銅色で、背面には長短の毛が密生している。

サルハムシ亜科
ムナゲクロサルハムシ
Basilepta hirticollis
●3〜4mm ●本州〜九州 ●4〜6月
頭部と前胸背板は密に点刻され、前胸背板に剛毛が生える。

ゾウムシ上科

ゾウムシ科、オトシブミ科、ヒゲナガゾウムシ科、ミツギリゾウムシ科などのゾウムシ類、キクイムシ科などからなるカブトムシ亜目の膨大な種数を誇る一群で、約7万種、日本からは約1,000種が知られています。大部分の種が植物を餌としていて、ハムシ上科と同様、ときに重大な害虫となります。

チョッキリ　カブトムシ亜目・ゾウムシ上科

エゴノキの果実と産卵準備中の
エゴヒゲナガゾウムシのペア

オトシブミ

オトシブミ科・オトシブミ亜科／アシナガオトシブミ亜科

頭部と前胸部が長く、独特の形をしています。メスは新緑の頃、特定の種類の木の葉を器用に巻いて、卵のための揺籃をつくります。揺籃の形や地面に落とす様子から「落とし文」と名づけられました。揺籃を落とさず、枝上に残すものもいます。

アシナガオトシブミ亜科 アシナガオトシブミ
Phialodes (Phialodes) rufipennis
● 6.5〜8mm ● 本州〜九州 ● 4〜8月
カシ、コナラ、アベマキ、ミズナラなどの葉を巻いて揺籃をつくる。体は黒色で上翅は橙赤褐色。

前胸背板まで赤くなるものもいる

オトシブミ亜科 アカクビナガオトシブミ
Morphocorynus nigricollis
● 5〜8mm ● 本州〜九州 ● 5〜8月
リンゴなどバラ科の葉を巻いて揺籃をつくる。オスの後頭部が著しく長い。

オトシブミ亜科 オトシブミ
Apoderus jekelii
● 7〜10mm ● 北海道〜九州 ● 5〜8月
クヌギ、コナラ、ハンノキ、ニレなどの葉を巻いて揺籃をつくる。上翅は赤褐色だが、黒色の個体もいる。

著しく長い

黒色個体

オトシブミ亜科 ヒゲナガオトシブミ
Paratrachelophorus longicornis
● 8〜12mm ● 北海道〜九州 ● 5〜7月
オスの頭部と触角は著しく長い。

光沢のある黒色。脚と腹部は黄褐色の個体と黒い個体がいる

上翅に赤みのあるものもいる

オトシブミ亜科 ヒメクロオトシブミ
Compsapoderus (Compsapoderus) erythrogaster
● 4.5〜5.5mm ● 本州〜九州 ● 4〜8月
クヌギ、ナラ類、バラなどの葉を巻いて揺籃をつくる。光沢のある黒色をしている。

● 体長　● 分布　● 成虫が見られる時期

オトシブミ亜科
ウスモンオトシブミ
Leptapoderus (Pseudoleptapoderus) balteatus
●6.5〜7mm ●北海道〜九州 ●5〜8月
キブシなどの葉を巻いて揺籃をつくる。
体は光沢のある黄褐色。

光沢がある

オトシブミ亜科
ウスアカオトシブミ
Leptapoderus (Leptapoderidius) rubidus
●4〜6mm ●北海道〜九州 ●5〜8月
平地にもいるが、山地に多い。

脚と触角は黄褐色

オトシブミ亜科
ヒメコブオトシブミ
Phymatapoderus flavimanus
●5〜6.5mm ●本州〜九州 ●4〜8月
やや山地性。上翅に1対のコブがある。

オトシブミ亜科
エゴツルクビオトシブミ
Cycnotrachelus roelofsi
●5〜8mm ●北海道〜九州 ●4〜9月
オスの頭部はメスより長いが、
小型のオスではあまり差がない。

エゴノキの葉に
つくられた揺籃

オトシブミ亜科
ムツモンオトシブミ
Leptapoderus (Paraleptapoderus) praecellens
●6.5〜7mm ●本州・四国 ●5〜7月
山地で見られる。上翅の斑紋には変異がある。

コブがある

オトシブミ亜科
ゴマダラオトシブミ
Agomadaranus pardalis
●8mm ●本州〜九州 ●5〜8月
クリ、クヌギ、コナラなどの葉を巻いて揺籃を
つくる。黄褐色の体に、黒色紋が多数ある。

メスの肩にはオスがつかまる
小さな突起がある

オトシブミ亜科
ヒメゴマダラオトシブミ
Paroplapoderus (Gomadaranus) vanvolxemi
●6mm前後 ●北海道・本州・九州 ●4〜8月
上翅に1対の大きなコブがある。
色彩には変異がある。

前脚が長い

アシナガオトシブミ亜科
カシルリオトシブミ
Euops (Parasynaptopsis) splendidus
●3〜4.5mm ●本州〜九州 ●4〜9月
カシやフジの葉を巻いて揺籃をつくる。体
色は金銅色で上翅は青藍色〜紫藍色。

銅緑色をしている

アシナガオトシブミ亜科
ルリオトシブミ
Euops (Riedeliops) punctatostriatus
●2.5〜4mm ●北海道〜九州 ●6〜8月
山地性。カシルリオトシブミと同所的に
見つかる場合が多い。

前脚が長い

アシナガオトシブミ亜科
リュイスアシナガオトシブミ
Henicolabus (Allolabus) lewisii
●4〜6mm ●本州〜九州 ●4〜7月
山地に多い。オスの前脚脛節はメスより
やや長く湾曲する。

ヒゲナガゾウムシ

ヒゲナガゾウムシ科・ヒゲナガゾウムシ亜科

一般的なゾウムシのような長い口吻をもたず、触角も途中で折れ曲がらずまっすぐな形状をしています。枯れ木や倒木、キノコに集まるものが多いですが、植物の実や種子を食べるものや、カイガラムシなどを捕食する種類もいます。

脚は赤褐色

ヒゲナガゾウムシ亜科
スネアカヒゲナガゾウムシ
Autotropis distinguenda
- 3〜4.5mm ●北海道〜九州 ●4〜7月
脚部脛節が褐色。上翅前半中ほどにV字状の黒紋がある。

ヒゲナガゾウムシ亜科
カオジロヒゲナガゾウムシ
Cedus insignis
- 7〜9mm ●北海道〜九州 ●6〜9月
頭部が白っぽく、複眼が大きい。

ヒゲナガゾウムシ亜科
シロヒゲナガゾウムシ
Platystomos sellatus sellatus
- 10〜12mm ●北海道〜九州 ●5〜9月
一見カミキリムシのように触角が長い。メスは短くオスの1/3ほど。

ヒゲナガゾウムシ亜科
マダラヒゲナガゾウムシ
Opanthribus tessellatus
- 2〜3.5mm ●北海道〜九州 ●5〜9月
様々な枯れ木や伐採木に集まる。

オスの頭部側面は突出し、その先端に複眼がある

ヒゲナガゾウムシ亜科
キマダラヒゲナガゾウムシ
Tropideres naevulus
- 5〜6mm ●北海道〜九州 ●4〜10月
上翅後方の紋と小楯板が橙黄色。

ヒゲナガゾウムシ亜科
エゴヒゲナガゾウムシ
Exechesops leucopis
- 3.5〜5.5mm ●本州〜九州 ●6〜8月
エゴノキの実に集まる。体色は茶褐色で、前頭部は平たくなっており白色。ウシヅラヒゲナガゾウムシとも呼ばれる。

体色に変異が大きい

ヒゲナガゾウムシ亜科
キノコヒゲナガゾウムシ
Euparius oculatus oculatus
- 5.5〜10mm
●北海道〜九州・伊豆諸島 ●5〜10月
全身が黒い個体もいる。

コブがある

ヒゲナガゾウムシ亜科
セマルヒゲナガゾウムシ
Phloeobius gibbosus
- 8〜10mm ●本州〜九州 ●4〜10月
オスの触角は体長より長い。

ヒゲナガゾウムシ亜科
シリジロメナガヒゲナガゾウムシ
Phaulimia confinis
- 5mm前後 ●本州〜九州 ●4〜10月
倒木などに集まる。複眼は大きく長卵型をしており、上翅の後端が灰白色。

ヒゲナガゾウムシ亜科
ウスモンツツヒゲナガゾウムシ
Ozotomerus japonicus
- 5.5〜9.5mm ●北海道〜九州 ●5〜8月
オスは触角第4節にコブがある。

ミツギリゾウムシ

ミツギリゾウムシ科・ホソクチゾウムシ亜科

硬くて光沢のある細長い体型のゾウムシ。イモ類の深刻な害虫として知られているアリモドキゾウムシもこのなかまです。

荒い毛が生える

ホソクチゾウムシ亜科
コゲチャホソクチゾウムシ
Holotrichapion (Holotrichapion) semisericeum
●2mm前後 ●本州〜九州 ●4〜10月
とても小さい。荒い毛が生え、上翅やや後部に暗色帯がある。

ホソクチゾウムシ亜科
ヒレルホソクチゾウムシ
Sergiola (Golovninia) hilleri
●2mm前後 ●本州〜九州 ●4〜11月
とても小さい。ケヤキなどの樹皮下で越冬する。

オサゾウムシ

オサゾウムシ科・オサゾウムシ亜科

触角の形から他のゾウムシと区別できます。大型種もいますが、米びつに発生するコクゾウムシもこのなかまです。

側部が赤褐色になる

オサゾウムシ亜科
トホシオサゾウムシ
Aplotes roelofsi
●6〜8mm
●本州〜九州・伊豆諸島 ●5〜7月
赤褐色で黒紋がある。敏捷でよく飛ぶ。

オサゾウムシ亜科
ホオアカオサゾウムシ
Otidognathus jansoni
●7〜10mm
●本州〜九州 ●4〜7月
赤褐色の体と4つの黒紋をもつゾウムシ。ササやカンチクのタケノコで見られる。

鮮やかな朱赤色

オサゾウムシ亜科
ヤシオオオサゾウムシ
Rhynchophorus ferrugineus
●22〜40mm ●本州・九州・沖縄 ●3〜12月
外来種であり、ヤシを食害するだけでなく病原菌を媒介しヤシ枯れを引き起こす害虫。

羽化したばかりの個体は、茶褐色のマダラ模様

オサゾウムシ亜科
オオゾウムシ
Sipalinus gigas gigas
●12〜24mm ●日本全国 ●6〜9月
樹液に集まり、灯火にも飛来する大型のゾウムシ。長生きで飼育下で複数年生きた記録がある。

オサゾウムシ亜科
コクゾウムシ
Sitophilus zeamais
●2〜3.5mm
●北海道〜九州・沖縄 ●5〜10月
とても小さい。米の害虫として知られる。

イボゾウムシ

イボゾウムシ科・イネゾウムシ亜科

太短い口吻をもつゾウムシ。主に単子葉植物につきます。

イネゾウムシ亜科
イネミズゾウムシ
Lissorhoptrus (Lissorhoptrus) oryzophilus
●3mm前後 ●北海道〜九州・沖縄 ●4〜9月
イネの害虫として知られる外来種。メスのみで単為生殖する。水面や水中を泳ぐ。

灰褐色の毛が生える

イネゾウムシ亜科
イネゾウムシ
Echinocnemus squameus
●5mm前後 ●本州〜九州・沖縄 ●5〜8月
イネの害虫として知られる。水田の周囲で見られ、水面を泳ぐ。

ゾウムシ①

ゾウムシ科・ゾウムシ亜科

頭部から象の鼻のように伸びる部分は実は口で、その先端には咀嚼式の口がついています。この長い口（口吻）のおかげで、ゾウムシは植物内部の深い部分を食べ、利用することができるのです。この口吻は、食事だけでなく産卵時の穴あけのためにも使われます。

ゾウムシ亜科
イチゴハナゾウムシ
Anthonomus (Anthonomus) bisignifer
- 3mm前後 ● 北海道〜九州 ● 5〜10月
上翅後方に白い縁取りのある暗色紋がある。

ゾウムシ亜科
ナシハナゾウムシ
Anthonomus (Anthonomus) pomorum
- 3〜3.5mm ● 北海道・本州・九州 ● 5〜10月
幼虫はリンゴなどの蕾に食入して花を落としてしまう。

ゾウムシ亜科
オビモンハナゾウムシ
Anthonomus (Furcipus) rectirostris
- 4mm前後 ● 北海道〜九州 ● 4〜11月
成虫はサクラの実に穿孔、産卵する。

ゾウムシ亜科
コナラシギゾウムシ
Curculio (Curculio) dentipes
- 5.5〜10mm ● 北海道〜九州 ● 5〜10月
オスの口吻はメスの半分ほどの長さ。

ゾウムシ亜科
クヌギシギゾウムシ
Curculio (Curculio) robustus
- 6〜10mm ● 本州・九州 ● 8〜10月
灰褐色〜黄褐色の毛が生え、上翅後方に帯模様がある。地色は黒い。

ゾウムシ亜科
クリシギゾウムシ
Curculio (Curculio) sikkimensis
- 6〜10mm ● 北海道〜九州 ● 7〜10月
メスはクリ、コナラ、アベマキ、アカガシなどの実に産卵する。

ゾウムシ亜科
ナツグミシギゾウムシ
Curculio (Curculio) elaeagni
- 4mm前後 ● 本州〜九州 ● 4〜8月
小さい。上翅やや後方、小楯板と中胸側板に白い毛が生える。

灰色の毛が生える

ゾウムシ亜科
ヒメシギゾウムシ
Curculio (Curculio) hime
- 3.5〜5mm ● 本州〜九州 ● 8〜11月
晩夏〜秋に見られる。

ゾウムシ亜科
ツバキシギゾウムシ
Curculio (Curculio) camelliae
- 6〜9mm ● 本州〜九州 ● 5〜8月
メスの口吻は体長より長く、ツバキなどの実に穴を開けて産卵する。

口吻が体長とほぼ同じ長さ

ゾウムシ亜科
クロシギゾウムシ
Curculio (Curculio) distinguendus
●6〜8mm ●北海道〜九州 ●5〜8月
小楯板と中胸側板、第2、第3腹板側面に黄褐色の毛が生える。

前脚が太い

ゾウムシ亜科
トネリコアシブトゾウムシ
Ochyromera suturalis
●4〜5mm ●北海道〜九州 ●7〜9月
山地で見られる。幼虫で越冬する。

ゾウムシ亜科
エゴシギゾウムシ
Curculio (Curculio) styracis
●6〜6.5mm ●本州〜九州 ●4〜7月
エゴノキの樹上で見られ花にも集まる。メスはエゴノキの実に産卵する。

後脚に三角形の突起がある

ゾウムシ亜科
ハラグロノコギリゾウムシ
Ixalma nigriventris
●5.5〜6mm ●本州・四国 ●4〜7月
赤褐色〜黄褐色で、後脚腿節が太く、内側に三角形の突起がある。

白い毛が生える

ゾウムシ亜科
ムネスジノミゾウムシ
Orchestes (Orchestes) amurensis
●2.5mm前後 ●北海道〜九州 ●5〜10月
小楯板の後方に白い毛が生える。

色彩の変異が大きい

ゾウムシ亜科
アカアシノミゾウムシ
Orchestes (Orchestes) sanguinipes
●3mm前後 ●本州〜九州 ●4〜10月
ヤドリノミゾウムシに似るが一回り小さい。色彩に変異がある。

ゾウムシ亜科
ヤドリノミゾウムシ
Orchestes (Orchestes) hustachei
●3.5〜4mm ●北海道〜九州 ●5〜10月
冬季にケヤキなどの樹皮下で見つかる。

ゾウムシ亜科
ニレノミゾウムシ
Orchestes (Orchestes) mutabilis
●3〜3.5mm ●北海道・本州 ●4〜10月
上翅と前胸背板は赤褐色で黒紋があり、白い毛がびっしりと生えて黒紋がある。ケヤキの樹皮の下で越冬する。

不明瞭なマダラ模様

ゾウムシ亜科
ガロアノミゾウムシ
Orchestes (Alyctus) galloisi
●2〜2.5mm ●北海道〜九州 ●4〜8月
幼虫は若葉に潜入し内部を食べ進み、最後は円盤状に切った葉に乗って地表に落下する。

ゾウムシ亜科
シロオビノミゾウムシ
Orchestes (Alyctus) rusti
●2.5〜3mm ●北海道・本州 ●4〜10月
上翅の後方に、灰白色のはっきりとした横帯がある。

ゾウムシ科・ヒメゾウムシ亜科/キクイゾウムシ亜科/サルゾウムシ亜科/ヘンテコゾウムシ亜科/タコゾウムシ亜科/ツツゾウムシ亜科/カツオゾウムシ亜科/クチカクシゾウムシ亜科

ゾウムシ②

ゾウムシのなかまは、成虫、幼虫ともに植物食です。特に幼虫は、種子の中や茎や葉の中に潜るもの、花やつぼみの中を食べるもの、枯れ木にすむもの、ハバチなどの虫こぶにつくものなど、非常に多様です。また広葉樹や針葉樹だけでなくシダやコケにつくものもいます。まさに植物利用のスペシャリストと言えるでしょう。

よく飛ぶ

サルゾウムシ亜科
オビアカサルゾウムシ
Coeliodes nakanoensis
●3～4mm ●本州・九州 ●3～7月
幼虫はカシワの葉に潜入する。

ヒメゾウムシ亜科
シラホシヒメゾウムシ
Anthinobaris dispilota dispilota
●6mm前後 ●北海道～九州 ●6～8月
上翅と前胸背板側面の紋が目立つ。花に集まり、よく飛ぶ。

キクイゾウムシ亜科
マツオオキクイゾウムシ
Macrorhyncolus crassiusculus
●3～4mm ●本州～九州・沖縄 ●通年
細長い体型で口吻は短め。アカマツなどの枯れ木の樹皮下にいる。

触角は口吻の先につく

ヘンテコゾウムシ亜科
ヤサイゾウムシ
Listroderes costirostris
●8mm前後
●本州～九州・伊豆諸島・沖縄 ●4～9月
外来種。やや扁平な体型。メスのみで単為生殖する。

タコゾウムシ亜科
アルファルファタコゾウムシ
Hypera (Hypera) postica
●5mm前後 ●北海道～九州・沖縄 ●10～5月
ヨーロッパ原産の外来種。

ツツゾウムシ亜科
コゲチャツツゾウムシ
Carcilia tenuistriata
●6～12mm ●北海道～九州・沖縄 ●4～9月
同属のツツゾウムシに酷似し、同種の触角第2節は第3節とほぼ等長、本種は第2節が第3節の約1.5倍の長さ。

カツオゾウムシ亜科
コマダラハスジゾウムシ
Adosomus (Pseudoadosomus) melogrammus
●13～15mm
●北海道～本州 ●6～8月
ヨモギで見られる。

ツツゾウムシ亜科
クロツツキクイゾウムシ
Magdalis (Odontomagdalis) koltzei
●4～8.5mm ●北海道・本州 ●3～6月
艶のない青味がかった黒。

上翅の斜めの筋模様が目立つ

カツオゾウムシ亜科
カツオゾウムシ
Lixus (Dilixellus) impressiventris
●10～12mm ●北海道～九州 ●6～8月
タデ類に集まる。体色は黒で、個体は橙赤色の粉で覆われている。翅端は弱く尖る。

カツオゾウムシ亜科
アイノカツオゾウムシ
Lixus (Dilixellus) maculatus
●6.5～12.5mm
●北海道～九州・伊豆諸島 ●4～8月
ナガカツオゾウムシに酷似する。

カツオゾウムシ亜科
ハスジカツオゾウムシ
Lixus (Eulixus) acutipennis
●9～14mm
●本州～九州・宮古島 ●6～8月
ヨモギやアザミでよく見られる。

●体長 ●分布 ●成虫が見られる時期

クチカクシゾウムシ亜科
マダラクチカクシゾウムシ
Cryptorhynchus (Cryptorhynchus) electus
●5mm前後 ●北海道〜九州 ●4〜10月
上翅中ほどと後方に白紋があるが、ない個体もいる。

オスの前脚は巨大

クチカクシゾウムシ亜科
アタマクチカクシゾウムシ
Lixus (Eulixus) acutipennis
●7.5〜8.5mm ●本州〜九州 ●6〜8月
丘陵地〜山地で見られる。

クチカクシゾウムシ亜科
アシナガオニゾウムシ
Gasterocercus longipes
●12mm前後 ●本州〜九州 ●5〜9月
オスの前脚は大きく発達し、跗節に剛毛が生える。怪獣っぽいゾウムシ。

クチカクシゾウムシ亜科
タカオマルクチカクシゾウムシ
Orochlesis takaosanus
●3〜4.5mm ●北海道〜九州 ●5〜10月
丸っこい体型で丸い筋模様がある。死んだふりが得意。

クチカクシゾウムシ亜科
マダラメカクシゾウムシ
Mechistocerus nipponicus
●6.5〜11.5mm ●北海道〜九州 ●5〜10月
低山地〜山地で見られる。

クチカクシゾウムシ亜科
アカナガクチカクシゾウムシ
Rhadinomerus annulipes
●5mm前後
●本州〜九州・伊豆諸島・沖縄 ●5〜9月
上翅の赤いまだら模様が目立つ。

クチカクシゾウムシ亜科
オオクチカクシゾウムシ
Syrotelus septentrionalis
●8〜14.5mm ●北海道〜九州 ●4〜7月
比較的大型。写真は、偶然コカシワクチブトゾウムシが登って来てとまったところ。

口吻が黒い

クチカクシゾウムシ亜科
マエバラナガクチカクシゾウムシ
Rhadinomerus maebarai
●3.5〜7mm ●北海道〜九州 ●4〜10月
アカナガクチカクシゾウムシに似るが赤味がなく、細長い体型。

クチカクシゾウムシ亜科
ヒメクチカクシゾウムシ
Syrotelus umbrosus
●4〜8mm ●北海道〜九州・沖縄 ●7〜10月
ケヤキなどの樹皮下で越冬する。

ゾウムシ③

ゾウムシ科・クチブトゾウムシ亜科

クチブトゾウムシは文字通り「口太」で、ゾウムシの代名詞的存在の口吻が見られません。このなかまは、柔らかい葉や草などを食べるようになって長い口吻が必要なくなったため、二次的に短くなったと考えられています。

脚にトゲがある

クチブトゾウムシ亜科
トゲアシクチブトゾウムシ（トゲアシゾウムシ）
Anosimus decoratus
●4mm前後 ●本州〜九州 ●4〜8月
クヌギやコナラなどの枝にいる。

コブがある

クチブトゾウムシ亜科
シロコブゾウムシ
Episomus turritus turritus
●13〜15mm ●本州〜九州 ●4〜8月
ハギ類やフジ類などのマメ科植物に多い。上翅の中央側方と中央後方に大きな隆起がある。

黒くなる

クチブトゾウムシ亜科
ヒメシロコブゾウムシ
Dermatoxenus caesicollis
●11〜14mm ●本州〜九州・沖縄 ●4〜7月
ヤツデにいるのがよく見つかる。シロコブゾウムシに似るが、背部中央付近が黒い。

灰白色の鱗片に覆われる

クチブトゾウムシ亜科
スグリゾウムシ
Pseudocneorhinus bifasciatus
●5〜6mm
●北海道〜九州・伊豆諸島 ●4〜8月
腹部がまん丸で可愛らしい。

コブがない

クチブトゾウムシ亜科
オキナワクワゾウムシ
Episomus mori
●13〜15mm ●奄美・沖縄 ●通年
シマグワの葉を食べる。

クチブトゾウムシ亜科
ケブカクチブトゾウムシ
Lepidepistomodes fumosus
●5.5mm前後 ●本州〜九州 ●4〜6月
樹上性。春〜初夏に見られる。

クチブトゾウムシ亜科
サビヒョウタンゾウムシ
Scepticus insularis
●8mm前後 ●北海道〜九州 ●4〜8月
名前の通りヒョウタン型のスタイル。

クチブトゾウムシ亜科
ケブカヒメカタゾウムシ
Arrhaphogaster pilosa
●6mm前後 ●北海道・本州 ●4〜6月
春〜初夏に見られる。

クチブトゾウムシ亜科
ヒレルクチブトゾウムシ
Pseudoedophrys hilleri
●4.5mm前後 ●本州〜九州 ●3〜10月
ケヤキなどの樹皮下で越冬する。

羽化直後は薄緑の鱗片に覆われているが、すぐに脱落して黒くなる

クチブトゾウムシ亜科
ハダカヒゲボソゾウムシ
Phyllobius (Phyllobius) subnudus
●6mm前後 ●本州（関東以西）〜九州 ●5〜8月
各種広葉樹の葉を食べる。キュウシュウヒゲボソゾウムシより一回り小さい。

口吻がやや長い

クチブトゾウムシ亜科
キュウシュウヒゲボソゾウムシ
Phyllobius (Otophyllobius) rotundicollis
●8〜9mm ●本州〜九州 ●5〜7月
キュウシュウと名前につくが、九州以外に本州・四国にも分布する。

新鮮な個体は金緑色

クチブトゾウムシ亜科
ケブカトゲアシヒゲボソゾウムシ
Phyllobius (Odontophyllobius) armatus
●5.5mm前後 ●本州〜九州 ●4〜6月
樹上性。春〜初夏に見られる。

トゲがある

クチブトゾウムシ亜科
トゲアシヒゲボソゾウムシ
（ミヤマヒゲボソゾウムシ）
Phyllobius (Odontophyllobius) annectens
●6〜8.5mm ●北海道〜九州 ●6〜8月
樹上性。初夏〜盛夏に山地で見られる。

全体的に緑色の鱗片で覆われる

クチブトゾウムシ亜科
コフキゾウムシ
Eugnathus distinctus
●5mm前後 ●本州〜九州・沖縄 ●4〜7月
クズやハギ類の葉に多い。

クチブトゾウムシ亜科
オオアオゾウムシ
Chlorophanus grandis
●12〜15mm ●北海道・本州・九州 ●6〜8月
美しい黄緑色の鱗片に覆われるが、徐々に剥げ落ちて黒くなる。シベリアオオアオゾウムシなど、他に酷似する数種がいる。

小さいが明瞭な白色紋

体はヒョウタン型

跗節の腹面に微毛が密生する

クチブトゾウムシ亜科
ニセマツノシラホシゾウムシ
Shirahoshizo rufescens
●6mm前後
●本州〜九州・伊豆諸島・沖縄 ●4〜11月
マツノシラホシゾウムシに似るが、前胸背板中ほど左右に黒い鱗片が盛り上がる。

クチブトゾウムシ亜科
クロカタゾウムシ
Pachyrhynchus infernalis
●11〜15mm ●石垣島・西表島 ●5〜9月
上翅が融合しているため飛ぶことができない。マンゴーの害虫とされることもある。

ゾウムシ④

ゾウムシ科・アナアキゾウムシ亜科

オリーブアナアキゾウムシは、口吻で樹皮に大きな穴をあけ、そこに卵を産みつけます。ゾウムシの幼虫には、樹木の幹や草の茎に潜り込んで生活し、それを食べて成長するものが数多くいます。時に枯らしてしまうこともあり、害虫となってしまうこともあります。

前胸〜上翅に大きな黒紋がある

アナアキゾウムシ亜科
ウスモンカレキゾウムシ
Acicnemis palliata
- 5〜7mm ● 本州〜九州 ● 5〜10月
枯れ木によく集まる。

新鮮な個体は赤灰色粉に覆われるため、ピンク色に見える

アナアキゾウムシ亜科
ヒラヤマメナガゾウムシ
Aclees (Aclees) hirayamai
- 9.5〜15mm ● 本州〜九州・沖縄 ● 通年
ガジュマルなどのイチジク属植物に集まる。

黒くひび割れたような模様

アナアキゾウムシ亜科
ウスモントゲトゲゾウムシ
Colobodes konoi
- 7mm前後 ● 北海道〜九州 ● 7〜8月
盛り上がった鱗片でゴツゴツした印象。上翅中ほどにひび割れのような黒い筋模様がある。山地で見られる。

広がったY字状の紋 / 白紋

アナアキゾウムシ亜科
ワモントゲトゲゾウムシ
Colobodes ornatus
- 6mm前後 ● 本州〜九州・伊豆諸島 ● 3〜8月
上翅後方に1対の白っぽい隆起鱗片、前胸背板〜上翅基部に逆Y字状の白紋がある。少ない。

黄褐色の紋

アナアキゾウムシ亜科
マツアナアキゾウムシ
Hylobius (Callirus) haroldi
- 7〜13mm ● 北海道〜九州 ● 5〜8月
やや大型。クリアナアキゾウムシなどに似る。

コブがある

アナアキゾウムシ亜科
アカコブゾウムシ
（アカコブコブゾウムシ）
Kobuzo rectirostris
- 7〜8.5mm ● 本州〜九州 ● 4〜9月
雑木林でよく見られ、灯火にも来る。

複雑な凸凹がある / 脚に明瞭な模様がある

アナアキゾウムシ亜科
マダラアシゾウムシ
Ectatorhinus adamsii
- 14〜18mm ● 本州〜九州 ● 5〜10月
広葉樹林に多い。樹液や灯火にも集まる。触ると、死んだふり（擬死）をする。

前胸背板側面と上翅に白い模様がある

アナアキゾウムシ亜科
フタキボシゾウムシ
Lepyrus japonicus
- 8〜10.5mm
- 北海道・本州・九州 ● 5〜8月
ヤナギ類の生える河川敷でよく見つかる。

死んだふり

― 白っぽくなる

アナアキゾウムシ亜科
ホホジロアシナガゾウムシ
Merus (Merus) erro
●6〜9mm ●本州〜九州 ●5〜11月
ヌルデなどの若い茎に穿孔して産卵し、その上部は枯れるか折れる場合が多い。

― 白い紋

アナアキゾウムシ亜科
シロオビアカアシナガゾウムシ
Merus (Merus) nipponicus
●7〜7.5mm ●本州〜九州 ●5〜8月
アジサイ類の若い茎に穿孔して産卵し、その上部は枯れるか折れる場合が多い。

無紋でゴツゴツしている

アナアキゾウムシ亜科
クロコブゾウムシ
Niphades (Scaphostethus) variegatus
●7〜10mm ●本州 ●4〜10月
針葉樹の切り株や伐採木で見つかる。灯火によく飛来する。

白い帯が目立つ

アナアキゾウムシ亜科
ダルマカレキゾウムシ
Trachodes (Atrachodes) subfasciatus
●4mm前後
●北海道〜九州・伊豆諸島 ●5〜10月
小さい。上翅やや後方にV字状の白帯がある。

アナアキゾウムシ亜科
オリーブアナアキゾウムシ
Pimelocerus perforatus perforatus
●12〜15mm ●本州〜九州 ●3〜9月
オリーブの害虫として知られるが、日本固有種。オリーブのほうがあとから日本に入ってきた（明治時代）。

アナアキゾウムシ亜科
ホソアナアキゾウムシ
Pimelocerus elongatus
●5〜8mm ●本州〜九州 ●4〜8月
鳥のフンにそっくり。上翅の白い鱗片は剥げ落ちて黒くなる。

白と黒のツートンカラー

アナアキゾウムシ亜科
オジロアシナガゾウムシ
Sternuchopsis (Mesalcidodes) trifidus
●9mm前後 ●本州〜九州 ●4〜8月
クズの葉や茎の上に多い。模様が白と黒であるため「パンダゾウムシ」と呼ばれることもある。

ゾウムシ科・キクイムシ亜科／ナガキクイムシ亜科

キクイムシ

円筒形の体型で表皮が非常に硬い微小な甲虫。木材の中や樹皮の下に細い巣穴を掘って生活しています。幼虫・成虫ともに木材を餌としますが、堅い材から栄養摂取を行うために菌類と共生するものが多く、中でも材内で共生菌を培養して食べるものをアンブロシアビートルと呼びます。

前胸部は赤褐色

キクイムシ亜科
ルイスザイノキクイムシ
Ambrosiodmus lewisi
●3.5〜4.5mm ●北海道〜九州 ●4〜11月
新しい倒木などで見つかることが多い。

キクイムシ亜科
クワノキクイムシ
Ambrosiophilus atratus
●3mm前後 ●北海道〜九州 ●4〜8月
生木に穿孔する。食入孔は直径1mm強。

灰褐色の微毛が生える

キクイムシ亜科
ハルニレノキクイムシ
Neopteleobius scutulatus
●2.5mm前後 ●本州・九州 ●5〜8月
ケヤキなどの樹皮下で成虫越冬する。

キクイムシ亜科
マツノキクイムシ
Tomicus piniperda
●4〜5mm ●北海道〜九州 ●3〜4月・7〜11月
比較的大型。上翅が暗褐色の個体もいる。

キクイムシ亜科
サクラノホソキクイムシ
Xyleborinus attenuatus
●3mm前後 ●北海道〜九州 ●通年
バラ科などの材部に穿孔、坑道内で培養した菌類を食べる。

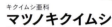
細く円筒形の体型

ナガキクイムシ亜科
ヨシブエナガキクイムシ
Dinoplatypus calamus
●3.5mm前後 ●北海道〜九州・沖縄 ●6〜10月
枯れかかったクヌギやコナラの樹幹や新しい伐採木に穿孔する。メスの上翅端は尖らない。

ナガキクイムシ亜科
カシノナガキクイムシ
Platypus quercivorus
●5mm前後 ●本州〜九州・沖縄 ●7〜8月
通称「カシナガ」。本種が伝播する病原菌が大規模な「ナラ枯れ現象」の原因となり社会問題となっている。
天敵はルイスホソカタムシ（→p.88）。

●体長 ●分布 ●成虫が見られる時期

甲虫の保全　　　　　　　　　　　　　　　　　　　　　　　　　Column

近年、草地や水域、そして森林など、生息環境の変化により絶滅の危機に立たされている甲虫類は少なくありません。それらのうち、琉球列島の原生的な森林（残念ながら手つかずの原生林はほぼありません）に生息する甲虫類、大型のマルバネクワガタ類やヤンバルテナガコガネは個体数の減少が危惧されています。

原生的なオキナワジイの優占林

どちらの幼虫も、オキナワジイなどの老齢木の樹洞や根際に堆積した、長い年月をかけ複雑な過程を経て生成された腐植土を食べて育つのですが、このような腐植土は林内を探してもそう簡単には見つかりません。

また、卵から成虫になるまでに長期間（3年前後）必要な生態であることも、生息環境の変化に脆弱な要因となっています。

ヨナグニマルバネクワガタ（→p.44）
ヤンバルテナガコガネ（→p.55）

大型のマルバネクワガタ類やヤンバルテナガコガネの個体数減少の主な要因は森林伐採、開発や林道整備による生息環境の減少・悪化です。さらに台風等の大きな攪乱による生息環境の激変は、種の存続にとって深刻なダメージとなり得ます。

また、過去そして現在も続く過剰な採集の影響と考えられるケースも見受けられます。このため、マルバネクワガタ類の多くの種・個体群は種の保存法や市町村条例により、ヤンバルテナガコガネも種の保存法及び文化財保護法により採集が規制されています。しかし採集規制だけではなく、生息環境そのものを保全することが重要です。

沖縄本島北部におけるオキナワジイ優占林の皆伐地

大型台風によって樹木の葉が吹き飛んだヨナグニマルバネクワガタの生息林

そこで現在期待されるのが、2016年の西表石垣国立公園の公園区域の変更とやんばる国立公園の誕生、2017年の奄美群島国立公園の誕生です。国立公園法により特別地域や特別保護地区では木竹の伐採は許可制となり、森林伐採の抑制につながることになるためです。

一方、採集規制地域が増え、また昆虫採集用のトラップ（わな）を設置するのにも許可が必要となるため、国立公園の指定は昆虫愛好家に敬遠されがちです。しかし、琉球列島の森林の「シンボル」とも言うべき、これら大型甲虫類の種及び生息環境の保全は推進すべきでしょう。

ヨナグニマルバネクワガタ幼虫の採取のため、破壊された生息木

特別地域及び特別保護地区外にある生息地は未だ複数で、その中にはマルバネクワガタ類の希少個体群の生息地もあります。それらをどう保全していくのか、今後の緊急の課題となっています。

文・写真　田中良尚（伊丹市昆虫館）

索 引

ア

- アイヌキンオサムシ …………… 14
- アイヌテントウ ………………… 82
- アイヌハンミョウ ……………… 17
- アイノカツオゾウムシ ………… 132
- アオアシナガハナムグリ ……… 58
- アオアトキリゴミムシ ………… 26
- アオウスチャコガネ …………… 54
- アオオサムシ …………………… 14
- アオカナブン …………………… 59
- アオカミキリモドキ …………… 98
- アオカメノコハムシ …………… 121
- アオキノカワゴミムシ ………… 18
- アオゴミムシ …………………… 24
- アオジョウカイ ………………… 73
- アオスジカミキリ ……………… 104
- アオドウガネ …………………… 55
- アオバアリガタハネカクシ …… 34
- アオハナムグリ ………………… 58
- アオホソハナカミキリ ………… 102
- アオハムシダマシ ……………… 089
- アオヘリアオゴミムシ ………… 25
- アオマダラタマムシ …………… 63
- アオムネスジタマムシ ………… 63
- アカアシオオアオカミキリ …… 105
- アカアシオオクシコメツキ …… 68
- アカアシオメツヤネハネカクシ … 35
- アカアシクワガタ ……………… 39
- アカアシノミゾウムシ ………… 131
- アカアシホシカムシ …………… 75
- アカイロオアハムシダマシ …… 89
- アカイロテントウ ……………… 84
- アカイロマルノミハムシ ……… 117
- アカオビカツオブシムシ ……… 74
- アカオビニセハナノミ ………… 87
- アカガネオオゴミムシ ………… 20
- アカガネオサムシ ……………… 15
- アカガネサルハムシ …………… 123
- アカガネチビタマムシ ………… 65
- アカクビナガオトシブミ ……… 126
- アカクビボソハムシ …………… 116
- アカグロムクゲキスイ ………… 79
- アカコブコブゾウムシ ………… 136
- アカコブゾウムシ ……………… 136
- アカタデハムシ ………………… 119
- アカツヤバネクチキムシ ……… 96
- アカナガクチカクシゾウムシ … 133
- アカネカミキリ ………………… 105
- アカバトガリオオズハネカクシ … 35
- アカバナガタマムシ …………… 64
- アカハナカミキリ ……………… 102
- アカハネムシ …………………… 99
- アカババピロオオハネカクシ … 35
- アカハバピロオオキノコ ……… 77
- アカハマルタキノコムシ ……… 32
- アカハムシダマシ ……………… 89
- アカヒゲヒラタコメツキ ……… 69
- アカヒラタカメノコハムシ …… 121
- アカビロウドコガネ …………… 52
- アカホシテントウ ……………… 84
- アカマダラケシキスイ ………… 80
- アカマダラコガネ ……………… 58
- アカマダラハナムグリ ………… 58
- アカミスジヒシベニボタル …… 70
- アカモンホソアリモドキ ……… 99
- アキタクロナガオサムシ ……… 14
- アサカミキリ …………………… 112
- アシナガオトシブミ …………… 126
- アシナガオニゾウムシ ………… 133
- アタマクチカクシゾウムシ …… 133
- アトコブゴミシダマシ ………… 88
- アトジロサビカミキリ ………… 109
- アトボシアオゴミムシ ………… 25
- アトボシハムシ ………………… 119
- アトホシヒメテントウ ………… 85
- アトモンサビカミキリ ………… 109
- アトモンマルケシカミキリ …… 112
- アトワアオゴミムシ …………… 25
- アマミクロホシテントウゴミシダマシ … 92
- アマミコクワガタ ……………… 38
- アマミシカクワガタ …………… 47
- アマミノコギリクワガタ ……… 42
- アマミヒラタクワガタ ………… 40
- アマミホソコバネカミキリ …… 103
- アマミマルバネクワガタ ……… 44
- アマミミヤマクワガタ ………… 45
- アミダテントウ ………………… 84
- アミモンヒラタケシキスイ …… 80
- アメイロカミキリ ……………… 104
- アメリカマダラカツオブシムシ … 74
- アヤメツブノミハムシ ………… 118
- アヤモンヒメナガクチキ ……… 97
- アラゲツツノミコムシ ………… 97
- アリスアトキリゴミムシ ……… 26
- アリモドキカッコウムシ ……… 75
- アルファルファタコゾウムシ … 132
- アワクビボソハムシ …………… 116
- イオウメクワガタ ……………… 47
- イガラシカッコウムシ ………… 75
- イカリモンハンミョウ ………… 17
- イシガキゴマフカミキリ ……… 108
- イズミヤマクワガタ …………… 45
- イタドリハムシ ………………… 118
- イタヤカミキリ ………………… 110
- イタヤハムシ …………………… 119
- イチゴハナゾウムシ …………… 130
- イチモンジカメノコハムシ …… 120
- イチモンジハムシ ……………… 119
- イツホシマメゴモクムシ ……… 23
- イネゾウムシ …………………… 129
- イネミズゾウムシ ……………… 129
- イノコヅチカメノコハムシ …… 120
- イモサルハムシ ………………… 123
- ウケジママルバネクワガタ …… 44
- ウスアカオトシブミ …………… 127
- ウスアカクロゴモクムシ ……… 23
- ウスイロクビボソジョウカイ … 72
- ウスイロトラカミキリ ………… 106
- ウスイロナガキマワリ ………… 95
- ウスイロニンフジョウカイ …… 72
- ウスイロヒメタマキノコムシ … 32
- ウスイロマグソコガネ ………… 50
- ウスキホシテントウ …………… 83
- ウスチャジョウカイ …………… 72
- ウスバカミキリ ………………… 101
- ウスモンオトシブミ …………… 127
- ウスモンカレキゾウムシ ……… 136
- ウスモンツツヒゲナガゾウムシ … 128
- ウスモントゲトゲゾウムシ …… 136
- ウバタマコメツキ ……………… 67
- ウバタマムシ …………………… 63
- ウリハムシ ……………………… 118
- ウリハムシモドキ ……………… 118
- ウンモンテントウ ……………… 82
- エグリトラカミキリ …………… 107
- エゴシギゾウムシ ……………… 131
- エゴツルクビオトシブミ ……… 127
- エゴヒゲナガゾウムシ …… 124・128
- エゾエンマアリヅカムシ ……… 32
- エゾカタビロオサムシ ………… 15
- エゾサビカミキリ ……………… 109
- エゾビロウドコガネ …………… 53
- エゾベニヒラタムシ …………… 78
- エゾマイマイカブリ …………… 13
- エノキハムシ …………………… 119
- オオアオゾウムシ ……………… 135
- オオアカコメツキ ……………… 68
- オオアカバハネカクシ ………… 35
- オオアカマルノミハムシ ……… 117
- オオアシナガトビハムシ ……… 117
- オオアトボシアオゴミムシ …… 25
- オオウグイスナガタマムシ …… 64
- オオオサムシ …………………… 15
- オオオバボタル ………………… 71
- オオカバイロコメツキ ………… 68
- オオキイロコガネ ……………… 53
- オオキノコムシ ………………… 77
- オオキベリアオゴミムシ ……… 25
- オオキマダラケシキスイ ……… 81
- オオクシヒゲコメツキ ………… 67
- オオクシヒゲビロウドムシ …… 99
- オオクシヒゲベニボタル ……… 70
- オオクチカクシゾウムシ ……… 133
- オオクビボソゴミムシ ………… 24
- オオクロコガネ ………………… 53
- オオクロツヤヒラタゴミムシ … 21
- オオクワガタ …………………… 38
- オオゲンゴロウ ………………… 28
- オオコクヌスト ………………… 75
- オオコフキコガネ ……………… 52
- オオゴミムシ …………………… 20
- オオゴモクムシ ………………… 23
- オオサビコメツキ ……………… 67
- オオサルハムシ ………………… 123
- オオシモフリコメツキ ………… 69
- オオシラホシハナノミ ………… 87
- オオシロカミキリ ……………… 111
- オオズオオキバハネカクシ …… 34
- オオスジコガネ ………………… 55
- オオスナゴミシダマシ ………… 90
- オオセンチコガネ ……………… 50
- オオゾウムシ …………………… 129
- オオチャイロハナムグリ ……… 59
- オオツカヒメテントウ ………… 85
- オオツツシンクチキムシ ……… 97
- オオツヤハダコメツキ ………… 67
- オオドウガネコガシラハネカクシ … 35
- オオトラカミキリ ……………… 106
- オオトラフコガネ ……………… 59
- オオトラフハナムグリ ………… 59
- オオナガコメツキ ……………… 68
- オオナガニジゴミムシダマシ … 92
- オオナカミゾコメツキダマシ … 66
- オオニジゴミムシダマシ ……… 94
- オオニジュウヤホシテントウ … 84
- オオヒメキノコハネカクシ …… 34
- オオヒメゲンゴロウ …………… 29
- オオヒメツゾゴミシダマシ …… 90
- オオヒメハナカミキリ ………… 103
- オオヒョウタンゴミムシ ……… 18
- オオヒラタアトキリゴミムシ … 27
- オオヒラタエンマムシ ………… 31
- オオヒラタゴミムシ …………… 21
- オオヒラタシデムシ …………… 33
- オオフタモンバタマコメツキ … 67
- オオホコリタケシバンムシ …… 74
- オオホソクビゴミムシ ………… 19
- オオソルリハムシ ……………… 115
- オオマダラコクヌスト ………… 75
- オオマルガタゴミムシ ………… 22
- オオマルタマキノコムシ ……… 32
- オオミズスマシ ………………… 29
- オオミツアナアトキリゴミムシ … 27
- オオメキバネハムシダマシ …… 89
- オオメホソチビドロムシ ……… 61
- オオモモブトシデムシ ………… 33
- オオモンキゴミムシダマシ …… 92
- オオヨツアナアトキリゴミムシ … 27
- オオヨツスジハナカミキリ …… 102
- オオリオサムシ …………… 12・14
- オオルリハムシ …………… 100・114
- オガサワラチビクワガタ ……… 46
- オガサワラハンミョウ ………… 17
- オキナワイチモンジハムシ …… 119
- オキナワカブトムシ …………… 57
- オキナワクワゾウムシ ………… 134
- オキナワスジゲンゴロウ ……… 29
- オキナワノコギリクワガタ …… 43
- オキナワハンミョウ …………… 17
- オキナワヒラタクワガタ ……… 41
- オキナワマルバネクワガタ …… 44
- オキナワユミアシゴミシダマシ … 95
- オキノエラブノコギリクワガタ … 43
- オキノエラブヒラタクワガタ … 41
- オサムシモドキ ………………… 19
- オジロアシナガゾウムシ ……… 137
- オトシブミ ……………………… 126
- オナガミズスマシ ……………… 29
- オニアカハネムシ ……………… 99
- オニクワガタ …………………… 47
- オニヒメテントウ ……………… 85
- オバボタル ……………………… 71
- オビアカサルゾウムシ ………… 132
- オビビメコメツキモドキ ……… 76
- オビモンハナゾウムシ ………… 130
- オリーブアナアキゾウムシ …… 137

カ

- カオジロヒゲナガゾウムシ …… 128
- カクスナゴミシダマシ ………… 90
- カクムネベニボタル …………… 70
- カシノナガキクイムシ ………… 138
- カシリオトシブミ ……………… 127
- カシワツツハムシ ……………… 122
- カタアカハナボタル …………… 70
- カタキハナカミキリ …………… 102
- カタクリハムシ ………………… 117
- カタシロゴマフカミキリ ……… 108
- カタビロトゲハムシ …………… 121
- カタボシエグリオオキノコ …… 77
- カタモンオオキノコ …………… 77
- カタモンオオキバハネカクシ … 34
- カタモンニセオオキバハネカクシ … 34
- カツオゾウムシ ………………… 132
- カドツブゴミムシ ……………… 24
- カドマルエンマコガネ ………… 51
- カドマルネカツオブシムシ …… 74
- カドムネチビヒラタムシ ……… 78
- カナブン ………………………… 59
- カバイロコメツキ ……………… 68
- カバイロニセハナノミ ………… 87
- カバイロヒョウホンムシ ……… 74

カバノキハムシ	117	キンキコルリクワガタ	49	クロツヤツノツツハネカクシ	34	コスナゴミムシダマシ	90
カブトムシ	30・56	キンケトラカミキリ	106	クロツヤハダコメツキ	69	コツヤホソゴミムシダマシ	94
カマキリタマゴカツオブシムシ	74	キンボシハネカクシ	35	クロツヤヒラタゴミムシ	21	ゴトウヒラタクワガタ	40
ガムシ	31	キンボシマルズオオハネカクシ	35	クロトゲハムシ	121	コナラシギゾウムシ	130
カメノコテントウ	82	キンムネヒメカネコメツキ	69	クロナガオサムシ	14	コニワハンミョウ	16
カラカネハナカミキリ	103	キンモリヒラタゴミムシ	21	クロナガタマムシ	64	コバネカミキリ	101
ガロアケシカミキリ	112	クズノチビタマムシ	65	クロニセリンゴカミキリ	113	コハンミョウ	16
ガロアノミゾウムシ	131	クスベニカミキリ	104	クロハナケシキスイ	80	コヒゲシマビロウドコガネ	52
カワチゴミムシ	19	クチキクシヒゲムシ	60	クロハナノミ	87	コヒラタゴミムシ	21
カワチマルクビゴミムシ	18	クチキマグソコガネ	50	クロハナボタル	70	コフキコガネ	36・52
カワラゴミムシ	18	クチブトチョッキリ	125	クロハナムグリ	58	コフキゾウムシ	135
カワラハンミョウ	17	クヌギシギゾウムシ	130	クロハバビロオオキノコ	77	コブスジサビカミキリ	108
キアシオビジョウカイモドキ	75	クビアカツヤカミキリ	105	クロバヒゲナガハムシ	118	コブスジツノゴミムシダマシ	90
キアシカミキリモドキ	98	クビアカツヤゴモクムシ	23	クロバヒシベニボタル	70	コブマルエンマコガネ	51
キアシクビボソムシ	99	クビアカトラカミキリ	106	クロヒメヒラタタマムシ	63	コブヤハズカミキリ	109
キアシヌレチゴミムシ	19	クビアカモリヒラタゴミムシ	21	クロヒラタオオキノコ	77	ゴホンダイコクコガネ	51
キアシルリツツハムシ	122	クビアクシナガクチキムシ	97	クロヒラタケシキスイ	80	ゴマダラオトシブミ	127
キイニセコルリクワガタ	49	クビナガムシ	97	クロヘリアトキリゴミムシ	27	ゴマダラカミキリ	111
キイロカミキリモドキ	98	クビボソゴミムシ	24	クロホシタマムシ	63	コマダラコキノコムシ	97
キイロクチキムシ	96	クビボソジョウカイ	72	クロボシツツハムシ	122	コマダラハスゾウムシ	132
キイロクビナガハムシ	116	クビボソハナカミキリ	102	クロボシヒラタシデムシ	33	ゴマフカミキリ	108
キイロクワハムシ	118	クメジマカブトムシ	57	クロホソコバネカミキリ	103	コマルガタゴミムシ	22
キイロゲンセイ	98	クメジマボタル	71	クロホソゴミムシダマシ	93	コマルキマワリ	91
キイロテントウ	83	クモガタテントウ	83	クロマルエンマコガネ	51	ゴミムシ	23
キイロテントウダマシ	83	クリイロクチキムシ	96	クロマルカブト	57	コモンヒメコキノコムシ	97
キイロトラカミキリ	107	クリイロケシデオキノコムシ	32	クロミジンムシダマシ	79	コヤツボシツツハムシ	122
キイロナガツツハムシ	122	クリイロコガネ	52	クロモンカクケシキスイ	81	コヨツボシアトキリゴミムシ	26
キイロホソナガクチキ	87	クリイロジョウカイ	73	クロモンシデモドキ	34	コヨツボシケシキスイ	81
キオビクビボソハムシ	116	クリイロヒゲナガハナノミ	61	クロモンムクゲケシキスイ	81	コルベヨツコブエグリゴミムシダマシ	91
キオビナガカッコウムシ	75	クリイロヒゲナミ	87	クロモンヨツメシデムシモドキ	34	コルリクワガタ	48
キクスイカミキリ	113	クリシギゾウムシ	130	クロルリトゲハムシ	121	**サ**	
キクビアオハムシ	118	クリストフコトラカミキリ	107	クワカミキリ	111	サキシマヒラタクワガタ	41
キクビカミキリモドキ	98	クリノウスイロクチキムシ	96	クワサビカミキリ	109	サクラコガネ	54
キスイモドキ	79	クルミハムシ	114	クワノキクイムシ	138	サクラノホソキクイムシ	138
キスジコガネ	54	クロアシコメツキモドキ	76	クワハムシ	118	サシゲチビタマムシ	65
キスジトラカミキリ	106	クロアシナガコガネ	52	ケウスゴモクムシ	23	サトユミアシゴミムシダマシ	94
キタホソアトキリゴミムシ	26	クロアシヒゲナガハナノミ	61	ケブカクチブトゾウムシ	134	サビカミキリ	101
キタマイマイカブリ	13	クロウリハムシ	118	ケブカコフキコガネ	53	サビキコリ	67
キヌツヤミズクサハムシ	117	クロオオナガゴミムシ	20	ケブカシバンムシ	74	サビハネカクシ	35
キノコアカマルエンマムシ	31	クロオサムシ	15	ケブカトゲアシヒゲボソゾウムシ	135	サビヒョウタンゾウムシ	134
キノコゴミムシ	27	クロオビカサハラハムシ	123	ケブカヒメカタゾウムシ	134	サビマダラオオホソカタムシ	79
キノコヒゲナガゾウムシ	128	クロカタゾウムシ	135	ケヤキナガタマムシ	64	ホンドクロオオクチキムシ	96
キバネカミキリモドキ	98	クロカタビロオサムシ	15	ゲンゴロウ	28	サワダスナゴミムシダマシ	90
キバネホソコメツキ	68	クロカナブン	59	ゲンジボタル	71	シズオカヒメハナノミ	87
キバネマルノミハムシ	117	クロガネナガリオオズハネカクシ	35	コアオハナムグリ	58	シナノクロフカミキリ	108
キベリクビボソハムシ	116	クロカミキリ	101	コアオマイマイカブリ	13	シマゲンゴロウ	28
キベリコバネジョウカイ	73	クロキノカワゴミムシ	18	コアオマルガタゴミムシ	22	シモフリコメツキ	69
キベリチビゴモクムシ	23	クロキマダラケシキスイ	81	コイチャコガネ	54	ジャコウカミキリ	105
キベリハムシ	119	クロゲンゴロウ	28	コエンマムシ	31	ジュウジアトキリゴミムシ	27
キベリヒラタガムシ	31	クロコガネ	53	コガシラアオゴミムシ	24	ジュウシホシクビナガハムシ	116
キベリヒラタノミハムシ	117	クロコブゾウムシ	137	コガタカメノコハムシ	120	ジュウニマダラテントウ	84
キボシアオゴミムシ	25	クロコメノミ	57	コガタノゲンゴロウ	28	ジュンサイハムシ	118
キボシアトキリゴミムシ	26	クロサビイロマルズオオハネカクシ	35	コガタルリハムシ	114	ジョウカイボン	72
キボシカミキリ	111	クロサワオオアリガタハネカクシ	34	コガネハムシ	115	ショウモンキノコハネカクシ	34
キボシチビヒラタムシ	78	クロサワツブミズムシ	11	コガネムシ	55	シラオビゴマフケシカミキリ	112
キボシツツハムシ	122	クロシギゾウムシ	131	コカブト	57	シラオビシデムシモドキ	32
キボシテントウダマシ	83	クロシデムシ	33	コキノコゴミムシ	26	シラケトラカミキリ	107
キボシルリハムシ	122	クロシマノコギリクワガタ	42	コクゾウムシ	129	シラフヒゲナガカミキリ	110
キマダラコメツキ	68	クロジョウカイ	72	コクヌストモドキ	91	シラホシカミキリ	113
キマダラヒゲナガゾウムシ	128	クロズカタキバゴミムシ	24	コクロコガネ	53	シラホシナガタマムシ	65
キマダラミヤマカミキリ	104	クロタマムシ	63	コクロツヤヒラタゴミムシ	21	シラホシハナムグリ	59
キマワリ	91	クロチビカワゴミムシ	19	コクロナガオサムシ	14	シラホシヒメゾウムシ	132
キムネヒメメツキモドキ	76	クロチビタマムシ	65	コクロヒメテントウ	85	シリジロメナガヒゲナガゾウムシ	128
キュウシュウコルリクワガタ	49	クロツキクイゾウムシ	132	コクワガタ	38	シリブトヒラタコメツキ	69
キュウシュウニセコルリクワガタ	49	クロツツマグソコガネ	50	コゲチャツツゾウムシ	132	シロオビアカアシナガゾウムシ	137
キュウシュウヒゲボソゾウムシ	135	クロツマキジョウカイ	73	コゲチャホソクチゾウムシ	129	シロオビチビカミキリ	108
キュウシュウヒメコキノコムシ	97	クロツヤキノコゴミムシダマシ	93	コゴモクムシ	23	シロオビチビヒラタカミキリ	105
キンイロジョウカイ	73	クロツヤキマワリ	91	コシマゲンゴロウ	28	シロオビナカボタマムシ	65
キンオニクワガタ	47	クロツヤクシコメツキ	68	コスジマグソコガネ	50	シロオビノミゾウムシ	131

141

シロコブゾウムシ …………… 134	チビサクラコガネ ………………… 54	ナガマルガタゴミムシ ………… 22	ヒゲブトコキノコムシ ………… 97
シロジュウホシテントウ … 82	チビモリヒラタゴミムシ …… 20	ナコウドジマチビクワガタ … 46	ヒゲブトゴミシダマシ …… 89
シロジュウシホシテントウ … 82	チャイロカナブン ……………… 58	ナシハナゾウムシ …………… 130	ヒゲブトハナムグリ ………… 58
シロスジカミキリ …………… 111	チャイロコメノゴミムシダマシ 95	ナツグミシギゾウムシ ……… 130	ヒゲブトハムシダマシ …… 89
シロスジコガネ ……………… 53	チャイロサルハムシ ……… 123	ナトビハムシ ………………… 117	ヒシカミキリ ………………… 108
シロテンハナムグリ ………… 59	チャイロチョッキリ …………… 125	ナナホシテントウ …………… 82	ヒシモンナガタマムシ ……… 64
シロトホシテントウ ………… 82	チャイロツヤハダコメツキ … 69	ナミアオハムシダマシ ……… 89	ヒダチャイロコガネ ………… 53
シロトラカミキリ …………… 107	チャイロヒゲビロウドカミキリ 110	ナミゲンゴロウ ……………… 28	ヒトオビアラゲカミキリ …… 111
シロヒゲナガゾウムシ …… 128	チャイロヒゲブトコメツキ … 66	ナミクシヒゲツヤムネハネカクシ 35	ヒトスジヒメマキムシ ……… 79
ジンガサハムシ ……………… 120	チャイロマルバネクワガタ … 44	ナミクチキムシ ……………… 96	ヒナルリハナカミキリ …… 103
ジンサンシバンムシ ………… 74	チャバネツヤハムシ ……… 117	ナミテントウ ………………… 82	ヒメアカハネムシ …………… 99
スギカミキリ ………………… 105	チュウブオオアオハムシダマシ 89	ナミハナムグリ ……………… 58	ヒメアカホシテントウ ……… 84
スキバジンガサハムシ …… 120	チョウセンゴモクシ ………… 23	ナミハンミョウ ……………… 16	ヒメアカマダラケシキスイ … 80
スグリゾウムシ …………… 134	チョウセンヒラタクワガタ … 41	ニイジマチビカミキリ ……… 109	ヒメアシナガコガネ ………… 52
ズグロキハムシ …………… 115	ツシマヒラタクワガタ ……… 40	ニイジマトラカミキリ ……… 106	ヒメオオクワガタ …………… 38
スジアオゴミシ ……………… 25	ツチイロビロウドムシ ……… 99	ニシコルリクワガタ ………… 49	ヒメオビオオキノコ ………… 77
スジキイロカメノコハムシ … 120	ツツジコブハムシ ………… 122	ニシツヤヒサゴゴミムシダマシ 94	ヒメカツオブシムシ ………… 74
スジグロボタル ……………… 71	ツノクロツヤムシ …………… 37	ニジュウヤホシテントウ …… 84	ヒメガムシ …………………… 31
スジクワガタ ………………… 39	ツノフトツツハネカクシ……… 34	ニセクロホシテントウゴミムシダマシ 92	ヒメカメノコテントウ ……… 83
スジコブシラゴミムシダマシ 90	ツノブトホタルモドキ ……… 79	ニセコマルガタゴミムシ …… 22	ヒメカメノコハムシ ………… 120
スジコガネ …………………… 55	ツノボソキノコゴミムシダマシ 93	ニセコルリクワガタ ………… 49	ヒメキベリトゲハムシ …… 121
スジブトヒラタクワガタ …… 41	ツバキシギゾウムシ ……… 130	ニセノコギリカミキリ ……… 101	ヒメキマワリ ………………… 91
スジミズアトキリゴミムシ … 26	ツマアカオオヒメテントウ … 85	ニセマツノシラホシゾウムシ … 135	ヒメキンイロジョウカイ …… 73
スネアカヒゲナガゾウムシ … 128	ツマアカマルハナノミダマシ … 60	ニセマルガタゴミムシ ……… 22	ヒメクチカクシゾウムシ … 133
スネケブカヒロコバネカミキリ 105	ツマグロツツカッコウムシ … 75	ニセミツモンセマルヒラタムシ 78	ヒメクロオトシブミ ………… 126
ズビロキマワリモドキ ……… 94	ツマグロヒメコメツキモドキ 76	ニセヤマトマルクビハネカクシ 34	ヒメクロシデムシ …………… 33
ズマルハネカクシ …………… 35	ツヤエンマコガネ …………… 51	ニホンキマワリ ……………… 91	ヒメクロデオキノコムシ …… 32
セアカオサムシ ……………… 15	ツヤケシハナカミキリ …… 102	ニホンベニコメツキ ………… 69	ヒメクロトラカミキリ …… 107
セアカヒラタゴミムシ ……… 21	ツヤケシヒメホソカタムシ … 88	ニホンホホビロコメツキモドキ 76	ヒメケブカチョッキリ …… 125
セスジゲンゴロウ …………… 29	ツヤナガハムシダマシ ……… 89	ニレノミゾウムシ ………… 131	ヒメゲンゴロウ ……………… 29
セスジジョウカイ …………… 73	ツヤナガヒラタホソカタムシ 88	ニレハムシ ………………… 119	ヒメコガネ …………………… 54
セスジナガキマワリ ………… 95	ツヤハダクワガタ …………… 37	ニワハンミョウ ……………… 16	ヒメコブオトシブミ ………… 127
セスジヒメハナカミキリ …… 103	デバヒラタムシ ……………… 96	ニンフハナカミキリ ……… 102	ヒメゴマダラオトシブミ …… 127
セダカコクヌスト …………… 75	ドウイロチビタマムシ ……… 65	ネブトクワガタ ……………… 46	ヒメサビキコリ ……………… 67
セダカコブヤハズカミキリ … 109	トウカイコルリクワガタ …… 48	ノコギリカミキリ …………… 101	ヒメシギゾウムシ ………… 130
セボシジョウカイ …………… 72	ドウガネサルハムシ ……… 123	ノコギリクワガタ …………… 42	ヒメシロコブゾウムシ …… 134
セマダラコガネ ……………… 54	ドウガネブイブイ …………… 55	ノコギリヒラタムシ ………… 78	ヒメジンガサハムシ ……… 120
セマダラマグソコガネ ……… 50	トウキョウヒメハンミョウ…… 16	ノブオオオアオコメツキ …… 67	ヒメスナゴミムシダマシ …… 90
セマルヒゲナガゾウムシ … 128	トウキョウヒメネビロオオキノコ 77	**ハ**	ヒメダイコクコガネ ………… 51
セモンジンガサハムシ …… 120	トカラノコギリクワガタ …… 43	ハイイロゲンゴロウ ………… 28	ヒメツチハンミョウ ………… 98
センチコガネ ………………… 50	トカラマンマルコガネ ……… 55	ハイイロチョッキリ ………… 125	ヒメトホシハムシ ………… 114
センノカミキリ …………… 110	トガリシロオビサビカミキリ 109	ハイイロテントウ …………… 83	ヒメトラハナムグリ ………… 58
ソボリンゴカミキリ ………… 113	トガリバアカネトラカミキリ… 107	ハイイロハナカミキリ …… 103	ヒメナガエンマムシ ………… 31
タ	トガリバホソコバネカミキリ 103	ハイイロハヤズカミキリ …… 35	ヒメナガキマワリ …………… 95
ダイコクコガネ ……………… 51	トクノシマコクワガタ ……… 38	ハイイロヤハズカミキリ … 109	ヒメナガニジゴミムシダマシ 86・92
ダイセンオサムシ …………… 14	トクノシマヒラタクワガタ… 40	ハギキノコゴミムシ ………… 26	ヒメヒゲナガカミキリ …… 110
ダイトウヒラタクワガタ …… 41	トゲアシクチブトゾウムシ… 134	ハスジカツオゾウムシ …… 132	ヒメヒラタムシ ……………… 78
ダイトウマメクワガタ ……… 47	トゲアシゾウムシ ………… 134	ハダカヒゲボソゾウムシ … 135	ヒメビロウドコガネ ………… 52
ダイミョウツブゴミムシ …… 24	トゲアシヒゲボソゾウムシ… 135	ハダニクロヒメテントウ …… 85	ヒメフチトリアツバコガネ … 55
ダイミョウナガタマムシ …… 64	トゲバカミキリ …………… 112	ハチジョウノコギリクワガタ… 43	ヒメフチトリゲンゴロウ …… 28
ダイミョウヒラタコメツキ… 69	トゲヒゲトラカミキリ …… 106	ハッカハムシ ……………… 114	ヒメボタル …………………… 71
タイワンカブト ……………… 57	トゲフタオタマムシ ………… 63	ハナムグリ …………………… 58	ヒメマイマイカブリ ………… 13
タイワンハムシ …………… 115	トネリコアシブトゾウムシ… 131	ハマヒョウタンゴミムシダマシ 93	ヒメマキムシ ………………… 79
タイワンメダカミキリ …… 104	トビイロセスジムシ ………… 13	ハムシダマシ ………………… 89	ヒメマルカツオブシムシ …… 74
タカオマルクチカクシゾウムシ 133	トビイロマルハナノミ……… 60	ハラグロオオテントウ ……… 82	ヒメモンシデムシ …………… 33
タカネルリクワガタ ………… 49	トビサルハムシ …………… 123	ハラグロノコギリゾウムシ … 131	ヒメユアシゴミムシダマシ … 94
タカラヒラタクワガタ ……… 40	トホシオサゾウムシ ……… 129	ハラジロカツオブシムシ …… 74	ヒョウゴマルガタゴミムシ … 22
タケトラカミキリ …………… 107	トホシテントウ ……………… 84	ハルニレノキクイムシ …… 138	ヒョウタンゴミムシ ………… 18
タテスジゴマフカミキリ …… 108	トホシハムシ ……………… 114	ハロルドヒメコクヌスト …… 75	ヒラズゲンセイ ……………… 98
タテスジヒメジンガサハムシ 120	トラフカミキリ …………… 106	ハンノアオカミキリ ……… 112	ヒラタアオコガネ …………… 54
タマアシトビハムシ ……… 119	ドロハマキチョッキリ …… 125	ハンノキカミキリ ………… 112	ヒラタアトキリゴミムシ …… 27
タマムシ ……………………… 63	**ナ**	ハンミョウ …………………… 16	ヒラタキイロチビゴミムシ … 19
ダルマカレキゾウムシ …… 137	ナガコゲチャケシキスイ …… 80	ヒガシツヤヒサゴゴミムシダマシ 94	ヒラタクワガタ ……………… 40
ダンダラテントウ …………… 83	ナガゴマフカミキリ ……… 108	ヒガシマルムネジョウカイ … 72	ヒラタコメツキモドキ ……… 76
チチジマネブトクワガタ …… 46	ナカジロサビカミキリ …… 109	ヒゲコガネ …………………… 53	ヒラタゴモクシ ……………… 23
チチブコルリクワガタ ……… 48	ナガチャコガネ ……………… 52	ヒゲコメツキ …………… 66・67	ヒラタドロムシ ……………… 61
チビクワガタ ………………… 46	ナガヒョウタンゴミムシ …… 18	ヒゲナガオトシブミ ……… 126	ヒラタハナムグリ …………… 58
チビケカツオブシムシ ……… 74	ナガヒョウホンムシ ………… 74	ヒゲナガカミキリ ………… 110	ヒラヤマメナガゾウムシ … 136
チビゲンゴロウ ……………… 29	ナガヒラタムシ ……………… 10	ヒゲナガハナノミ …………… 61	ヒレルクチブトゾウムシ …… 134
			ヒレルコキノコムシ ………… 97

ヒレルホソクチゾウムシ …… 129	マエカドコエンマコガネ …… 51	ムコガワメクラチビゴミムシ …… 19	ヤマトクロヒラタゴミムシ … 21
ビロウドカミキリ …………… 110	マエバラナガクチカクシゾウムシ 133	ムシクソハムシ …………… 122	ヤマトサビクワガタ ………… 39
ビロウドコガネ ………………… 52	マエモンシデムシ …………… 33	ムツボシタマムシ …………… 63	ヤマトタマムシ ……………… 63
ファウストハマキチョッキリ … 125	マキバマグソコガネ ………… 50	ムツボシツツハムシ ……… 122	ヤマトデオキノコムシ ……… 32
ブービエヒメハナカミキリ … 103	マクガタテントウ …………… 83	ムツボシテントウ …………… 85	ヤンバルテナガコガネ … 55・139
フェモラータオオモモブトハムシ 115	マグソクワガタ ………………… 37	ムツモンオトシブミ ………… 127	ユーカリハムシ ……………… 115
フジナガハムシダマシ ……… 89	マグソコガネ …………………… 50	ムナグロツヤハムシ ……… 118	ユキグニコルリクワガタ …… 48
フジハムシ …………………… 115	マスダクロホシタマムシ …… 63	ムナグロナガカッコウムシ … 75	ユミアシゴミムシダマシ …… 94
フタイロウリハムシ ………… 118	マダラアシゾウムシ ……… 136	ムナグロホソアリモドキ …… 99	ユリクビナガハムシ ……… 116
フタオビアラゲカミキリ …… 111	マダラアラゲサルハムシ … 123	ムナゲクロサルハムシ …… 123	ヨコモンヒメヒラタホソカタムシ 88
フタオビチビハナカミキリ … 103	マダラカサハラハムシ …… 123	ムナビロアトボシアオゴミムシ … 25	ヨコヤマヒゲナガカミキリ … 111
フタオビヒメハナカミキリ … 103	マダラカサハラカミリモドキ … 98	ムナビロオキスイ …………… 79	ヨシブエナガキクイムシ … 138
フタオビホソナガクチキ …… 87	マダラクチカクシゾウムシ … 133	ムナビロサビキコリ ………… 67	ヨツアナミズギワゴミムシ … 19
フタオビミドリトラカミキリ … 106	マダラクワガタ ………………… 37	ムネアカオオクロテントウ … 83	ヨツキボシハムシ ………… 118
フタキボシゾウムシ ……… 136	マダラチビコメツキ ………… 67	ムネアカキバネサルハムシ … 123	ヨツコブゴミシダマシ ……… 91
ブタクサハムシ …………… 119	マダラヒゲナガゾウムシ … 128	ムネアカクシヒゲムシ ……… 61	ヨツスジトラカミキリ …… 107
フタコブルリハナカミキリ … 103	マダラホソカタムシ ………… 88	ムネアカクロコメツキ ……… 68	ヨツスジハナカミキリ …… 102
フタスジヒメハムシ ……… 118	マダラメクラクシゾウムシ … 133	ムネアカサルハムシ ……… 123	ヨツボシオオキスイ ………… 79
フタツメゴミムシ ……………… 27	マツアナアキゾウムシ …… 136	ムネアカセンチコガネ ……… 50	ヨツボシオオキノコ ………… 77
フタトゲホシヒラタムシ …… 78	マツオオネアキゾウムシ … 132	ムネアカフトジョウカイ …… 73	ヨツボシケシキスイ ………… 81
フタホシアトキリゴミムシ … 27	マツシタトラカミキリ …… 107	ムネクリイロボタル ………… 71	ヨツボシゴミシダマシ ……… 92
フタホシオオノミハムシ … 117	マツシタヒメハナカミキリ … 103	ムネクロテングベニボタル … 70	ヨツボシチビヒラタカミキリ … 105
フタモンクビナガゴミムシ … 24	マツノキクイムシ ………… 138	ムネスジノミゾウムシ …… 131	ヨツボシテントウ …………… 85
フタモンテントウ ……………… 82	マツノマダラカミキリ ……… 110	ムネダカシモフリコメツキ … 69	ヨツボシテントウダマシ …… 83
ブチヒゲケブカハムシ …… 119	マメクワガタ …………………… 47	ムネナガカバイロコメツキ … 68	ヨツボシナガツツハムシ … 122
ブドウハマキチョッキリ …… 125	マメゲンゴロウ ……………… 29	ムネビロスナゴミムシダマシ … 90	ヨツボシハムシ …………… 119
フトベニボタル ………………… 70	マメコガネ ……………………… 54	ムネビロハネカクシ ………… 35	ヨツボシヒラタシデムシ …… 33
ヘイケボタル …………………… 71	マメゾモクシ …………………… 23	メスアカキバマダラコメツキ … 68	ヨツボシモンシデムシ ……… 33
ベーツヒラタカミキリ …… 101	マヤサンオサムシ …………… 15	メスグロベニコメツキ ……… 69	ヨツモンカメノコハムシ … 121
ベーツヒラタゴミムシ ……… 21	マルガタゲンゴロウ ………… 28	メダカアトキリゴミムシ …… 27	ヨツモンクロツツハムシ … 122
ベダリアテントウ ……………… 84	マルガタゴミムシ …………… 22	メダカチビカワゴミムシ …… 19	ヨツモンコミズギワゴミムシ … 19
ベッコウヒラタシデムシ …… 33	マルガタゴモクムシ ………… 23	モトヨツコブエグリゴミシダマシ 91	ヨツモンヒメテントウ ……… 85
ベニカミキリ ………………… 105	マルガタツヤヒラタゴミムシ … 21	モモケビロウドコガネ ……… 53	ヨナグニマルバネクワガタ 44・139
ベニカメノコハムシ ……… 121	マルガタナガゴミムシ ……… 20	モモチョッキリ …………… 125	ヨモギハムシ ……………… 114
ベニナガタマムシ ……………… 64	マルガタハナカミキリ …… 102	モモブトカミキリモドキ …… 98	ヨリトモナガゴミムシ ……… 20
ベニヒラタムシ ………………… 78	マルガタビロウドコガネ …… 52	モモブトシデムシ …………… 33	**ラ**
ベニヘリテントウ ……………… 85	マルクビケマダラカミキリ … 104	モンキゴミムシダマシ ……… 92	ラミーカミキリ …………… 113
ベニボタル ……………………… 70	マルセルエグリゴミシダマシ … 91	モンキナガクチキ …………… 97	リュイスアシナガオトシブミ … 127
ベニモンキノコゴミシダマシ … 93	マルツヤキノコゴミシダマシ … 93	モンキマメゲンゴロウ ……… 29	リュウキュウオオイチモンジシマゲンゴロウ ……………………… 29
ベニモンツヤミジンムシ …… 79	マルヒラタドロムシ ………… 61	モンクチビルテントウ ……… 85	リュウキュウオオハナムグリ … 59
ヘリグロテントウノミハムシ … 117	マルムネジョウカイ ………… 72	モンクロアリノスハネカクシ … 34	リュウキュウコクワガタ …… 39
ヘリグロリンゴカミキリ …… 113	ミイデラゴミムシ …………… 19	モンチビヒラタケシキスイ … 80	リュウキュウツヤハナムグリ … 59
ボウズナガクチキ …………… 87	ミカドテントウ ………………… 84	**ヤ**	リュウキュウルリボシカミキリ 112
ホオアカオサゾウムシ …… 129	ミカンカメノコハムシ …… 121	ヤエヤマコクワガタ ………… 39	リンゴカミキリ …………… 113
ホシベニカミキリ …………… 111	ミクラミヤマクワガタ ……… 45	ヤエヤマノコギリクワガタ … 43	リンゴコフキハムシ ……… 123
ホソアトキリゴミムシ ……… 26	ミシマイオウノコギリクワガタ … 42	ヤエヤマボタル ……………… 71	ルイスオオゴミムシ ………… 20
ホソアナアキゾウムシ …… 137	ミズギワアトキリゴミムシ … 26	ヤエヤママルバネクワガタ … 44	ルイスオオヒラタハネカクシ … 34
ホソカミキリ ………………… 101	ミスジヒベニボタル ………… 70	ヤクシマコクワガタ ………… 38	ルイスクビナガハムシ …… 116
ホソクビキマワリ ……………… 95	ミゾバネナガクチキ ………… 87	ヤコンオサムシ ……………… 14	ルイスコオニケシキスイ …… 81
ホソクビナガハムシ ……… 116	ミツカドホソヒラタムシ …… 78	ヤサイゾウムシ …………… 132	ルイスザイノキクイムシ … 138
ホソコゲチャセマルケシキスイ 80	ミツノゴミシダマシ ………… 91	ヤシオオオサゾウムシ …… 129	ルイスチビヒラタムシ ……… 78
ホソサビキコリ ………………… 67	ミツモンセマルヒラタムシ … 78	ヤセアトキリゴミムシ ……… 27	ルイスツノヒョウタンクワガタ 46
ホソスジデオキノコムシ …… 32	ミドリオオキスイ …………… 79	ヤセモリヒラタゴミムシ …… 20	ルイスナガボソタマムシ …… 65
ホソスナゴミムシダマシ …… 90	ミドリカミキリ ……………… 105	ヤツボシツツハムシ ……… 122	ルイスホソカタムシ ………… 88
ホソセスジムシ ………………… 13	ミドリカメノコハムシ …… 121	ヤツボシハナカミキリ …… 102	ルイスマルムネゴミシダマシ … 91
ホソツツリンゴカミキリ …… 113	ミドリナガボソタマムシ …… 64	ヤツボシハムシ …………… 115	ルイヨウマダラテントウ …… 84
ホソツヤルリクワガタ ……… 48	ミナミツヤハダクワガタ …… 37	ヤツメカミキリ ……………… 112	ルリエンマムシ ……………… 31
ホソナガコメツキダマシ …… 66	ミヤマカミキリ ……………… 104	ヤドリノミゾウムシ ……… 131	ルリオオキノコ ……………… 77
ホソヒゲナガビロウドコガネ … 53	ミヤマクビアカジョウカイ … 72	ヤナギハムシ ……………… 114	ルリオトシブミ …………… 127
ホソヒョウタンゴミムシ …… 18	ミヤマクワガタ ………………… 45	ヤナギキハムシ …………… 114	ルリクビボシハムシ ……… 116
ホソヒラタゴミムシ …………… 21	ミヤマダイコクコガネ ……… 51	ヤナギルリハムシ ………… 115	ルリクワガタ ………………… 48
ホソモンツヤゴミシダマシ … 93	ミヤマチビコブカミキリ … 111	ヤノナミガタチビタマムシ 62・65	ルリコガシラハネカクシ …… 35
ホタルカミキリ ……………… 104	ミヤマツヤハダクワガタ …… 37	ヤハズカミキリ …………… 111	ルリゴミシダマシ …………… 94
ホッカイジョウカイ …………… 73	ミヤマハンミョウ …………… 17	ヤホシゴミムシ ……………… 27	ルリテントウダマシ ………… 83
ホホジロアシナガゾウムシ … 137	ミヤマヒゲボソゾウムシ … 135	ヤマイモハムシ …………… 116	ルリヒラタゴミムシ ………… 20
ホンドアオバホソハナカミキリ 102	ミヤマヒサゴコメツキ ……… 69	ヤマトアザミテントウ ……… 84	ルリヒラタムシ ……………… 78
ホンドトビイロクチキムシ … 96	ミヤマヒラタハムシ ……… 114	ヤマトエグリゴミシダマシ … 91	ルリボシカミキリ ………… 104
ホンドニジゴミシダマシ …… 95	ミヤマルリクビボシカミキリ … 18	ヤマトエンマムシ …………… 31	ワモンサビカミキリ ……… 109
マ	ミルワーム …………………… 95	ヤマトオサムシ ……………… 15	ワモントゲトゲゾウムシ … 136
マイマイカブリ ………………… 13	ムーアシロホシテントウ …… 82	ヤマトオサムシダマシ ……… 90	

143

監修
町田龍一郎
1953年埼玉県生まれ。筑波大学生命環境科学系/山岳科学センター菅平高原実験所教授。比較発生学、比較形態学の視点から「昆虫とはどのようなものか?」、「昆虫はどのように進化してきたのか?」を研究する。昆虫類の進化の道筋を分子系統解析で明らかにしようとする国際プロジェクト（1KITE）で、コーディネーターとしても活動。多くの原著論文のほか、小学館の図鑑NEO『昆虫』（小学館）、『Handbuch der Zoologie (Archaeognatha)』(de Gruyter Verlag)、『蟲愛づる人の蟲がたり』（筑波大学出版会）など監修・執筆した書籍は多数ある。

文・写真
長島聖大
1979年兵庫県生まれ。高校時代にクサギカメムシの大発生に遭遇し、カメムシ恐怖症に陥る。東京農業大学農学部に入学したその日から「大嫌いなカメムシを絶滅させる研究をする!」と昆虫学研究室にもぐりこむ。カメムシについて学ぶうち、いつの間にかカメムシの魅力に取り憑かれた。調査に欠かせない道具であるピンセットの研究にも力を注いでいる。6歳の長男と虫採りに行くのが何よりの楽しみ。著書に『日本原色カメムシ図鑑 第3巻』（全国農村教育協会）、『日本の昆虫1400①②』（文一総合出版）がある。

文・写真
奥山清市
1970年山形県生まれ。1995年より伊丹市昆虫館に勤務、現在は同館館長を勤める。様々な自然環境教育を実践する傍ら、多くの方に自然の「学び」「驚き」「笑い」「癒し」を届けるために、多様性豊かな昆虫たちの写真撮影にも取り組む。日本自然科学写真協会会員。著書に『くらべてわかる昆虫』（山と溪谷社）、『日本の昆虫1400①②』（文一総合出版）などがある。

文・写真
諸岡範澄
1961年東京都生まれ。国立音楽大学器楽科卒業。チェロ奏者・指揮者。1993年ベルギー・ブルージュ国際古楽コンクール第1位受賞。『バッハ・コレギウム・ジャパン』をはじめ数多くの内外の演奏家との演奏会、CDレコーディングに参加。ピリオド楽器を用いた『オーケストラ・シンポシオン』指揮者として古典派、ロマン派のCDをリリース。『東京五美術大学管弦楽団』『オーケストラ・Mzima』指揮者、『オーケストラ・シンポシオン』音楽監督、近年は昆虫写真家としても活動し、精力的にフィールドに出ている。

文・写真
田中良尚
1977年大阪府生まれ。伊丹市昆虫館学芸員、樹木医。日本産マルバネクワガタ類及びヤンバルテナガコガネの保全のため、生息状況の調査及び生態の解明に携わる。図鑑『日本のマルバネクワガタ』（むし社）の一部執筆のほか、昆虫関係書への執筆・画像提供など多数ある。昆虫類のほか、高山植物の撮影も行う。

文・写真
阿部浩志
1974年東京都生まれ。自然科学系の図鑑や絵本などの編集・執筆を行う傍ら、ナチュラリストとして自然観察会のインストラクターや自然生物関係の専門学校の講師を務める。主な著書に『おでかけ どうぶつえん』『はじめての ちいさないきものの しいくとかんさつ』（学研プラス）、『しぜん しおだまり』（フレーベル館）、監修協力をした小学館の図鑑NEO『危険生物』『動物』『鳥』付録DVD（小学館）、翻訳査読をした『ミクロの森1㎡の原生林が語る生命・進化・地球』（築地書館）、小学校教科書の指導など多数ある。

装幀・本文レイアウト	向田智也
編集	阿部浩志（ruderal inc.）
写真提供	石井克彦・鈴木知之・武田普一・堀繁久
資料協力	阿部万純・草柳佳昭・小嶋一輝・佐藤浩一 新開孝・千明清市・三上晃誌・盛口満

くらべてわかる 甲虫　1062種

2019年4月25日　初版第1刷発行

監修	町田龍一郎
文・写真	阿部浩志／奥山清市／田中良尚／長島聖大／諸岡範澄
発行人	川崎深雪
発行所	株式会社 山と溪谷社 〒101-0051　東京都千代田区神田神保町1丁目105番地 http://www.yamakei.co.jp/
印刷・製本	図書印刷株式会社

◉乱丁・落丁のお問合せ先
山と溪谷社自動応答サービス　TEL.03-6837-5018
受付時間／10:00-12:00、13:00-17:30（土日、祝日除く）
◉内容に関するお問合せ先
山と溪谷社　TEL.03-6744-1900（代表）
◉書店・取次様からのお問合せ先
山と溪谷社受注センター　TEL.03-6744-1919　FAX.03-6744-1927

＊定価はカバーに表示してあります。
＊乱丁・落丁などの不良品は送料小社負担でお取り替えいたします。
＊本書の一部あるいは全部を無断で複写・転写することは著作権者および発行所の権利の侵害となります。

ISBN978-4-635-06355-5
© 2019 Ryuichiro Machida, Seiichi Okuyama, Norizumi Morooka, Koshi Abe, Seidai Nagashima, Yoshinao Tanaka All rights reserved.
Printed in Japan